PEIDIANWANG WANGGE DANYUANZHI JIANSHE GAIZAO

配电网网格单元制
建设改造 ▶▶▶▶

国网浙江省电力有限公司绍兴供电公司　组编

中国电力出版社
CHINA ELECTRIC POWER PRESS

内 容 提 要

本书深入探索在网格化基础上，配电网建设改造工作向单元制深化的方式方法，力求通过多元化的案例展示，为不同类型、不同需求的读者提供更为全面的参考与借鉴。

本书共分为 8 章，分别是概述、网格单元制规划、配电网评估、电力需求预测、网格单元制建设改造实践、配电自动化建设与改造、新能源与多元负荷接入、典型案例。对 20 余个配电网建设改造过程实际案例的展示与剖析，介绍网格单元制规划编制的关键环节与方式方法，同时基于地区发展定位、发展程度的不同，差异化提出单元制建设改造的目标与方法。

本书可供从事中低压配电网建设改造相关的电网规划、项目需求编制、可研设计、工程管理、生产运维、配电自动化等专业工作的技术人员提供参考，同时也可供配电网规划咨询、工程设计、电力高校师生研读。

图书在版编目（CIP）数据

配电网网格单元制建设改造/国网浙江省电力有限公司绍兴供电公司组编. —北京：中国电力出版社，2021.12（2022.7重印）
ISBN 978-7-5198-6127-8

Ⅰ. ①配…　Ⅱ. ①国…　Ⅲ. ①配电系统–电力系统规划–系统设计　Ⅳ. ①TM715

中国版本图书馆 CIP 数据核字（2021）第 225581 号

出版发行：中国电力出版社
地　　址：北京市东城区北京站西街 19 号（邮政编码 100005）
网　　址：http://www.cepp.sgcc.com.cn
责任编辑：罗　艳（yan-luo@sgcc.com.cn　010-63412315）
责任校对：黄　蓓　常燕昆
装帧设计：张俊霞
责任印制：石　雷

印　　刷：三河市百盛印装有限公司
版　　次：2021 年 12 月第一版
印　　次：2022 年 7 月北京第二次印刷
开　　本：710 毫米×1000 毫米　16 开本
印　　张：15
字　　数：240 千字
印　　数：1001—1500 册
定　　价：78.00 元

编审委员会

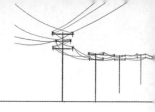

前 言

　　配电网是直接面向用户、将输电网络、终端用户、各类分布式电源及多元负荷予以连接的电力系统关键环节。随着碳达峰、碳中和全面纳入经济社会发展全局，构建新能源占比逐渐提高的新型电力系统，推动清洁电力资源大范围优化配置工作的全面开展，未来配电网结构形态、建设改造理念与方法也需随之提升完善。

　　近年来国家不断加大配电网建设改造的力度，各地配电网建设逐步引入网格化理念，力求从根本上扭转配电网建设滞后、无法适应新型电力系统发展需求。本书深入探索在网格化基础上，配电网建设改造工作向单元制深化的方式方法，通过对 20 余个配电网建设改造过程实际案例的展示与剖析，从"网格单元制规划、配电网评估、电力需求预测、网格单元制建设改造实践、配电自动化建设与改造和新能源与多元负荷接入"六个方面介绍了网格单元制规划编制的关键环节与方式方法，同时基于地区发展定位、发展程度的不同，差异化提出单元制建设改造的目标与方法，力求通过多元化的案例展示，为不同类型、不同需求的读者提供更为全面的参考与借鉴。

　　本书适用于配电网建设发展新形势下网格化单元制的建设与改造工作，可以为从事中低压配电网建设改造相关的电网规划、项目需求编制、可研设计、工程管理、生产运维、配电自动化等专业工作的技术人员提供参考，同时也可供配电网规划咨询、工程设计、电力高校师生研读。

　　本书编写过程中得到了国网经济技术研究院、多地省电力公司、地市电力公司、中国电力出版社及上海昌泰求实电力新技术股份有限公司相关领导、专家、编辑的大力支持，在此，编者对以上所有单位、领导、专家、编辑的辛勤劳动，表示衷心的感谢！

　　限于编者学识水平，书中错误和不足之处在所难免，恳请读者批评指正。

编 者

2021 年 12 月

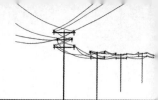

目 录

前言

第1章

概　述

　　为适应国家电网公司战略变更，应对经济发展由高速增长转向高质量发展，迫切需要加强电网基础设施建设，提高供电服务效率，在《配电网规划设计技术导则》（Q/GDW 10738—2020）中引入了网格单元制规划理念，明确了其深入地块，对接用户的相关要求。在原有网格化"标准化""差异化""精益化"要求的基础上，进一步提出"落实公司战略""推广先进技术""提升智能水平""注重效率效益"等相关要求。

　　从工作目标上来看，网格单元制建设改造通过供电网格、供电单元分解，以网格、单元理念进行精细化现状分析、差异化目标制订、精准化网架建设、规范化用户接入管控，并通过网格、单元固化项目成果，形成长效的约束机制，实现配电网建设改造精细化管控，实现项目方案投资管控与成效管理，实现建设方案与远期目标网架的有效衔接，实现调度运行、配电自动化建设的同步优化，真正做到"标准化""差异化""精益化""注重效率效益"相关要求。

　　从工作流程上来看，网格单元制建设改造遵循"做实、做细、做深"的理念，以区域控规为基础划分规划单元，按照先10kV，再110kV"自下而上"的方式，以用电需求为导向，以实测负荷为模型，开展差异化负荷预测、网架规划，统筹配电自动化、通信、电力管道等内容，形成多元化规划成果，并与地区发展规划有效对接。具体工作策略为，打造网格化空间布局，开展多元化负荷预测，制定差异化规划标准，搭建模块化目标网架，采用数据化指标分析，呈现实用化规划成果，真正做到"推广先进技术""提升智能水平"相关要求。

　　从战略发展上来看，网格单元制建设改造符合"具有中国特色国际领先的能源互联网企业"的公司战略目标。网格单元制建设改造以供电单元为单位，构建强简有序的目标网架，建立健全配电网规划指标量化体系，建设坚强智能电网，能够为发展能源互联网提供坚实基础；通过网格化建设，顺应多元负荷、分布式能源的发展趋势，同步开展传统负荷与多元负荷、分布式能源预测，满足多元负荷及分布式能源的灵活便捷接入，推动电网向能源互联互通、共享互济；在开展配电网网架建设的同时满足电网一二次同步发展，提升数字化、自动化、智能化水平，构建具有互联互通、多能互补、高效互动、智能开放等特征的智慧能源系统，全面做到"落实公司战略"。

本书结合各地市配电网网格化单元制规划、建设改造经验，从网格单元制规划、配电网评估、电力需求预测、网格单元制建设改造实践、配电自动化建设与改造、新能源与多元负荷接入 7 个部分论述网格化规划主要过程。

第2章

网格单元制规划

2.1 基本含义

网格单元制规划体系构建主要考虑满足供区相对独立性、网架完整性、管理便利性等方面需求,根据电网规模和管理范围,按照目标网架清晰、电网规模适度、管理责任明确的原则,将中压配电网供电范围划分为若干供电分区,一个供电分区包含若干供电网格,一个供电网格由若干供电单元组成,网格化规划体系层级关系见图2-1。

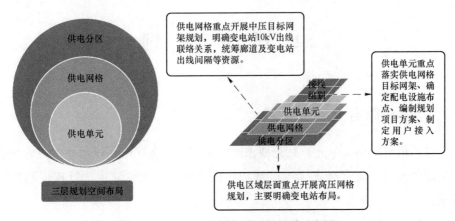

图 2-1 网格化规划体系层级关系示意图

根据上述体系划分思路,网格化规划将配电网供电范围在地理上细化为供电分区、供电网格两个地域层级,同时考虑建设项目要素,将供电网格内的线路以接线组为单位,划分为供电单元,形成三个层级的网格体系,明确各层级内和层级间的电网、设备、管理等关系。

（1）供电分区：指在地市或县域内部，高压配电网网架结构完整、供电范围相对独立、中压配电网联系较为紧密的规划区域，一般用于高压配电网布点规划和网架规划。

（2）供电网格：在供电分区划分的基础上，与国土空间规划、控制性详细规划、用地规划等市政规划及行政区域划分相衔接，综合考虑配网运维检修、营销服务等因素进一步划分而成的若干相对独立的网格。供电网格是制定目标网架规划、统筹廊道资源及变电站出线间隔的基本单位。

（3）供电单元：在供电网格划分基础上，结合城市用地功能定位，综合考虑用地属性、负荷密度、供电特性等因素划分的若干相对独立的单元，一般用于规划配变布点、分支网络、用户和分布式电源接入。

（4）接线组别：指供电单元内的典型接线，电缆网一般采用双环网、单环网，架空网一般采用多分段单联络、多分段两联络为主。由于建设理念问题，配电网存在较多复杂接线、无效联络、分段不合理等问题，不利于运行调度及自动化建设。在网格单元制建设改造过程中应通过网架建设逐步向典型接线过渡。

2.2 划 分 原 则

2.2.1 总体原则

（1）供电网格（单元）划分要按照目标网架清晰、电网规模适度、管理责任明确的原则，主要考虑供电区域相对独立性、网架完整性、管理便利性等需求。

（2）供电网格（单元）划分是以城市规划中地块功能及开发情况为依据，根据饱和负荷预测结果进行校核，并充分考虑现状电网改造难度、街道河流等因素，划分应相对稳定，具有一定的近远期适应性。

（3）供电网格（单元）划分应保证网格之间或单元之间不重不漏。

（4）供电网格（单元）划分宜兼顾规划设计、运维检修、营销服务等业务的管理需要。

2.2.2 划分层次结构

（1）供电分区、供电网格、供电单元三级对应不同电网规划层级，各层级间相互衔接、上下配合。

（2）供电分区层面重点开展高压网络规划，主要明确高压配电网变电站布点和网架结构。

（3）供电网格层面重点开展中压配电网目标网架规划，主要从全局最优角度，确定区域饱和年目标网架结构，统筹上级电源出线间隔及通道资源。

（4）供电单元层面重点落实供电网格目标网架，确定配电设施布点和中压线路建设方案。供电单元是配电网规划的最小单位。

2.2.3 供电网格划分原则

（1）供电网格一般结合道路、河流、山丘等明显的地理形态进行划分，与城乡控制性详细规划及区域性用地规划等市政规划相适应。

（2）供电网格划分宜综合考虑区域内多种类型负荷用电特性，兼顾分布式电源及多元化负荷发展，提高设备利用率。

（3）供电网格应遵循电网规模适中且供电范围相对独立的原则，远期一般应包含2～4座具有10kV出线的上级主供电源。

（4）供电网格原则上不应跨越供电区域。

（5）在满足上述条件下，为便于建设、运维、供电服务管理权限落实，可按照供电营业部（供电所）管辖地域范围作为一个供电网格，当管辖区域较大、供电区域类型不一致时，可拆分为多个供电网格。

2.2.4 供电单元划分原则

（1）供电单元划分应与市政规划分区分片相协调，不宜跨越市政分区分片，不宜跨越控规边界。

（2）供电单元的划分应贯彻中压配电网供电范围不交叉、不重叠的原则，同时考虑饱和年变电站的布点位置、容量大小、间隔资源等因素，远期供电单元内线路一般应具备2个及以上主供电源，以1～4组10kV典型接线为宜。（注：

主供电源可不位于供电单元内。)

（3）在划分供电单元时，应综合考虑供电单元内各类负荷的互补特性，兼顾分布式电源发展需求，提高设备利用率。要求基本一致的地块（或用户区块）组成。

（4）供电单元内各供电线路宜只为本单元内的负荷供电。

2.3 划分方法与流程

2.3.1 划分方法

依照分区、网格、单元的相关划分原则开展划分工作，为保证划分结果的相对稳定，一般网格化划分过程中需同远期规划方案循环校验，并采用"自下而上"和"自上而下"相结合的方式划分，最终形成分区、网格、单元划分的相关结果，配电网网格化划分思路见图2-2。

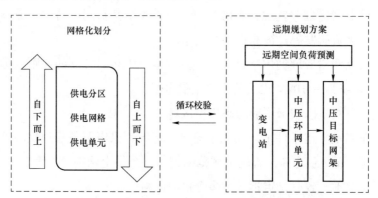

图2-2 配电网网格化划分思路

"自下而上"网格化划分是以问题为导向，结合现状电网的供电范围，作为重要参考依据，避免后期网格化建设中大拆大建，参照目标网架依次对供电单元、供电网格和供电分区划分，适用于城市开发建设程度较高、配电网建设基本完成的规划建成区。

"自上而下"网格化划分是以控规为导向，充分考虑区域远期年的负荷体量、电源布点、主干道路等因素，参照运维、建设管理细化依次对供电分区、供电网格和供电单元划分。适用于城市开发及配电网建设初期,城市控制性详细规划完善的规划建设区。

　　供电网格、供电单元划分完成后,应按照供电分区管理责任是否独立,供电网格建设标准是否严格统一、电网规模是否相对合理,供电单元接线组供区是否独立、电网规模是否合理等相关划分要求,对"自下而上"与"自上而下"划分结果进行校验,最终形成分区、网格、单元划分的相关结果,划分结果校验标准推荐见表 2-1。

表 2-1　　　　"自下而上"与"自上而下"划分结果校验标准推荐

项目	校验标准	相关标准建议
供电分区	管理责任是否独立	(1) 辖属同一供电营业部、区(县)公司或供电所; (2) 地区其他要求
供电网格	建设标准是否严格统一电网规模是否相对合理	(1) 同属于同一供电区域; (2) 原则上远期不超过 20 回中压线路; (3) 地区其他要求
供电单元	接线组供区是否独立电网规模是否合理	(1) 具备 2 个及以上主供电源,且电源间具备一定转供能力; (2) 包含 1~4 组典型接线; (3) 地区其他要求

　　由于供电分区主要用于明确高压配电网变电站布点和网架结构,一般在规划工作开展中已相对明确,在配电网建设改造中较少提及,本书主要以供电网格、供电单元划分为重点。

2.3.2　划分流程

　　1."自下而上"网格化划分

　　"自下而上"网格化划分流程见图 2-3。

　　(1) 依据供电单元划分原则根据现状配电网进行初步划分。

　　(2) 对规划区域开展目标年负荷预测,结合市政道路规划建设情况确定主干通道,并开展目标网架规划。

　　(3) 供电单元初步划分结果与目标网架相互校验、调整,满足划分原则。

　　(4) 通过相互校验满足供电可靠、独立供电、负荷标准、管理清晰的要求,完成目标网架、供电单元划分。

　　(5) 根据供电网格划分原则将各供电单元合并完成供电网格划分。

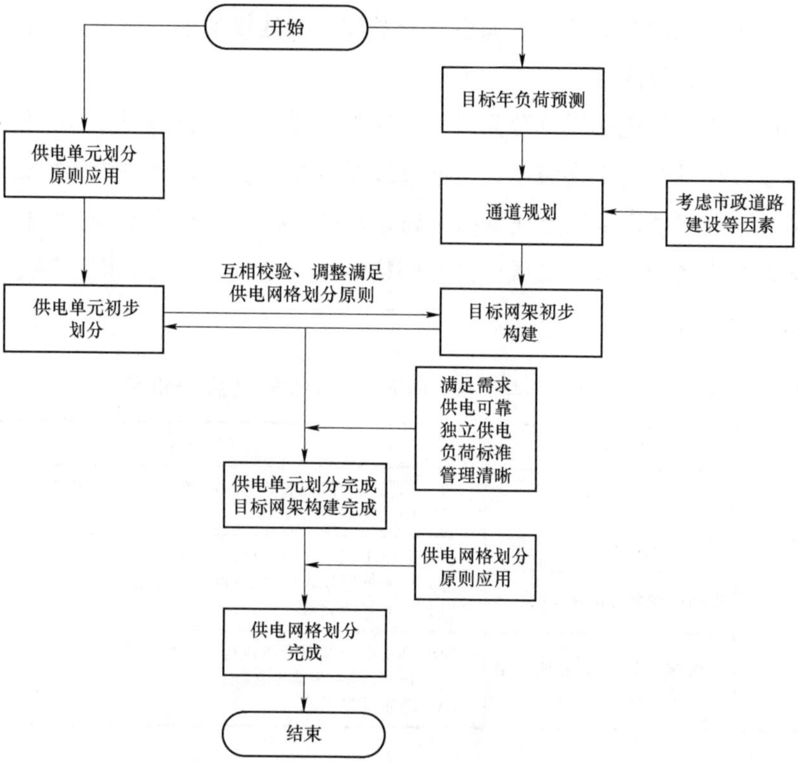

图 2-3 “自下而上”网格化划分流程

2.“自上而下”网格化划分

（1）供电网格划分流程（见图 2-4）。

1）根据城市总体规划确定的规划分区或者功能分区进行第一步的划分。

2）根据供电网格一般不宜跨越河流、山丘、铁路、高速公路等明显地理形态的原则，在城市规划分区的基础上进行第二步划分。

3）根据供电网格不宜跨越分类供电区域的原则，对供电网格进一步划分。

4）根据饱和负荷预测结果，结合现状变电站的布点，确定上级变电站布点并划分变电站的供电范围。

5）依据间隔、通道等资源初步确定变电站间联络关系，遵循网格相对独立的原则，对供电网格进一步优化。

6）依据运维检修、营销业务管理等现有管理边界对供电网格进行复核，尽量减少对现有供电公司各业务范围管理分区的切割。如确有必要对原有管理分界进行调整的需依据目标网架一次调整到位。

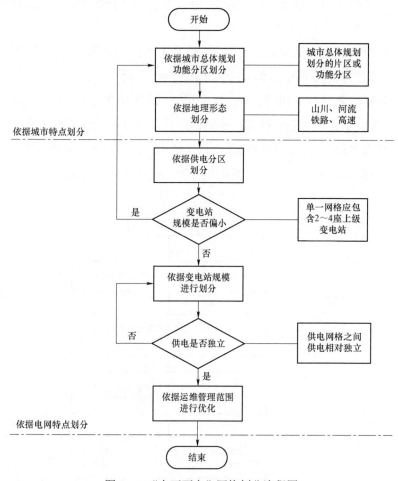

图 2-4　"自下而上"网格划分流程图

7）C 类供区主要为县城或重要乡镇，远期变电站座数较少，电网规模也较小，一般只需要划分为一个供电网格。

（2）供电单元划分流程。

供电单元划分遵循"资源统筹、大小有度、界限清晰、就近供电、过度有序"原则进行划分，供电单元划分流程图见图 2-5。

1）梳理供电网格内彼此变电站每组接线供电范围。

2）根据制定目标网架情况，充分考虑远期年变电站布点情况，结合前述变电站间联络关系，以道路、山川等地理形态为边界，初步划定变电站间联络区域，确定联络线路组数。

3）每个供电单元含 1～4 组标准接线，初步测算该区域内可划分供电单元数量。

4）结合经济性和供电可靠性要求，综合考虑间隔资源、通道规划情况，兼顾配电网规划建设的平滑过渡，初步划定各供电单元。

5）依据可靠性要求相近、开发程度相似、线路廊道相邻、结构基本一致原则，对各供电单元供电独立性进行校验，并对供电单元进行适当调整。

6）依据"满足需求、供电可靠、独立供电、符合标准、管理清晰"的技术要求，按照供电单元划分指导原则进行校验，确定供电单元划分。

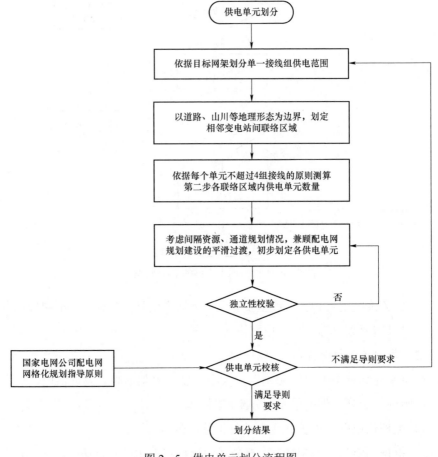

图 2-5 供电单元划分流程图

2.3.3 划分案例

1. "自下而上"划分案例

以某城市 A 类供区（简称 XA 区）为例介绍"自下而上"的流程与方法。按照供电分区划分原则，即"行政区域边界和相对独立的配网建设、运维、抢修服务及管理权限边界，结合各供电所管辖电网规模、供电区域的情况，将区域配电网在地理上划分形成供电分区"。现将 XA 区划分为 8 个供电分区，划分示意图见图 2-6。

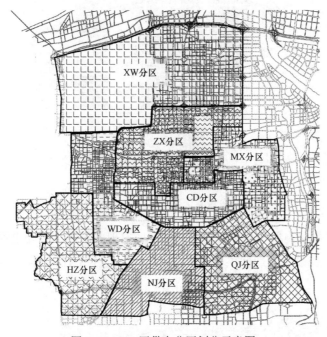

图 2-6　XA 区供电分区划分示意图

本案例主要针对该区域中 XW 分区进行网格和单元划分。

（1）单元划分。

1）根据负荷分布和用地性质初步划分。根据负荷预测结果，规划采用单环网作为区域内目标网架接线方式，每组接线安全供电能力约为 9MW。通过对目标区域负荷分布和控制性详细规划对该区域进行单元初步划分，XW 分区某区域各单元负荷预测结果见表 2-2，XW 分区某区域土地性质及网格初步划分图见图 2-7。

表 2-2　　　　　　　　　XW 分区某区域各单元负荷预测结果

单元名称	面积（km²）	用地性质	负荷（MW）	典型接线（组）
1 号	2.88	工业	26.8	3
2 号	1.68	商业、居住	25	3
3 号	0.92	居住	15.1	2
4 号	1.25	居住	19.5	3
5 号	1.86	居住	25.6	3

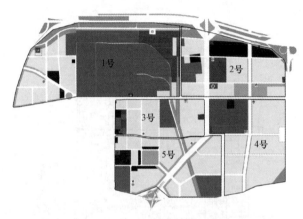

图 2-7　XW 分区某区域土地性质及网格初步划分图

2）根据现状电网优化划分结果。该区域内现状电网主要为电缆接线，网架结构复杂，线路交叉、迂回供电严重。XW 分区某区域 10kV 地理接线示意图见图 2-8。

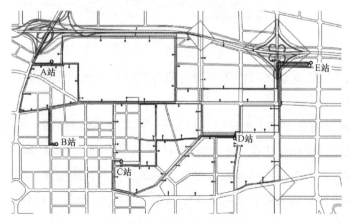

图 2-8　XW 分区某区域 10kV 地理接线示意图

结合现状电网，通过对每条线路所搭接的环网柜所在区域的分析，避免跨单元供电，结合每个单元之间上级电源点 2～4 个，将之前划分的单元进行边界调整。XW 分区某区域单元基本情况见表 2-3，单元划分图见图 2-9。

表 2-3 　　　　　　　　XW 分区某区域单元基本情况

单元名称	面积（km²）	用地性质	负荷（MW）	典型接线（组）	电源点
1 号	2.88	工业	26.8	3	A 站、B 站
2 号	1.68	商业、居住	25	3	D 站、E 站
3 号	1.2	居住	17.2	2	C 站、D 站
4 号	1.25	居住	19.5	3	D 站、E 站
5 号	1.58	居住	23	3	C 站、D 站

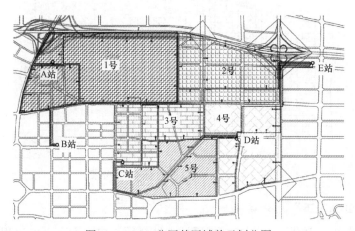

图 2-9　XW 分区某区域单元划分图

按照上述方法对整个 XW 分区进行单元划分，共划分单元 33 个，XW 分区单元划分图见图 2-10。

（2）网格划分。根据供电网格划分原则，考虑地理位置、土地性质需求相似以及电网供电范围等因素，将 33 个供电单元合并为 8 个供电网格，XW 供电分区网格划分图见图 2-11。

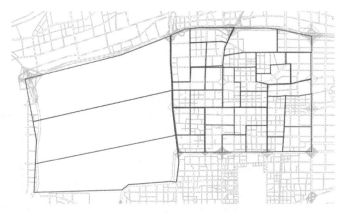

图 2-10　XW 分区单元划分图

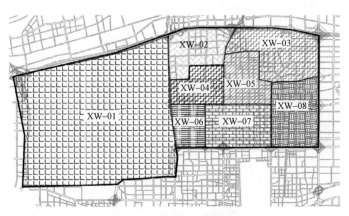

图 2-11　XW 供电分区网格划分图

2. "自上而下"划分案例

以某城市 A 类供区某新建规划区域为例介绍"自上而下"的流程与方法。以 BH 供电分区为例，BH 供电分区城市控制性详细规划如图 2-12 所示，该规划区域划分为一个供电网格。

下面按照城市规划情况对规划区域进行供电单元划分。根据该区域控制性详细规划，该网格主干道路如图 2-13 所示，该网格共有四纵三横 7 条主干道路。

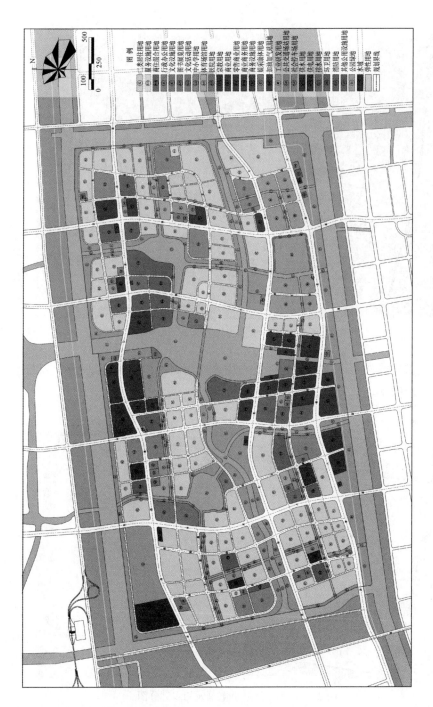

图 2－12　BH 供电分区城市控制性详细规划图

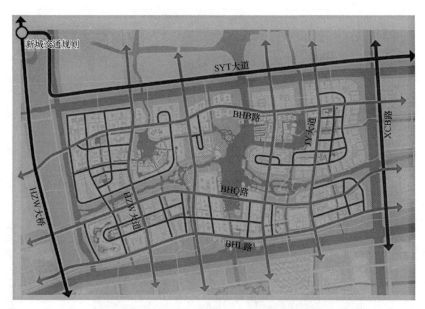

图 2-13 BH 网格主干道路规划情况

根据供电网格主干道路规划情况利用纵向道路对供电网格进行初步供电单元划分，如图 2-14 所示。

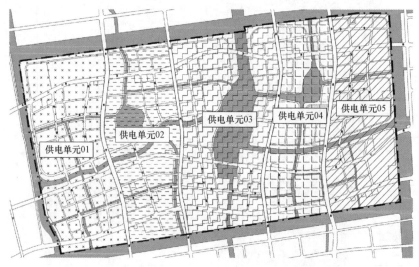

图 2-14 BH 网格供电单元初步划分图

根据该网格控制性详细规划可知，该网格共规划有变电站 6 座，根据变电站位置进行初步供电范围划分如图 2-15 所示，根据变电站供电范围对供电单元进行调整，保留供电单元 01 号、供电单元 05 号，对其余供电单元按照变电站供区进行重新划分，优化后见表 2-4。

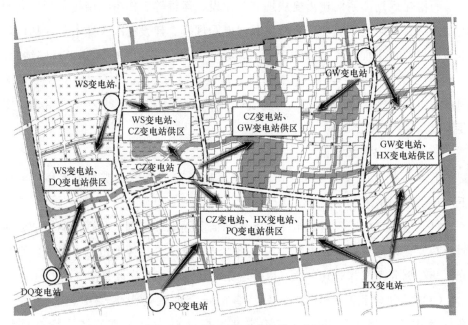

图 2-15　BH 网格变电站供电范围

表 2-4　　　　　　　　　　　　**BH 网格供电单元优化**

序号	供电单元名称	供电面积（km²）	道路边界	变电站供区
1	供电单元 01 号	2.25	HZW 大道以西	WS、DQ 变供区
2	供电单元 02 号	1.93	HZW 大道以东、ZXY 路以西、BHQ 路以北	WS、CZ 变供区
3	供电单元 03 号	4.79	ZXY 路以东、JY 大道以西、BHQ 路以北	GW、CZ 变供区
4	供电单元 04 号	2.72	HZW 大道以东、JY 大道以西、BHQ 路以南	HX、CZ、PQ 变供区
5	供电单元 05 号	1.87	JY 大道以东	GW、HX 变供区

2.4 影响因素与案例

网格化规划体系构建需要从规划、建设、运维等工作组织架构和管理界面出发，综合考虑地域属性、负荷发展、电网规模、建设标准等技术条件制定。本节根据"自下而上"与"自上而下"两种方法对各类影响因素进行归纳总。"自下而上"法主要以电网现状为基础，是以问题为导向的划分方法，主要影响因素为电网问题。"自上而下"法主要以城市建设为导向，是以控规为导向，主要因素为城市规划。

1. 供电网格成熟程度

需要结合负荷预测结果在供电网格远期负荷总量趋于或大于饱和的前提下，对供电网格进一步细分与优化。

（1）规划建成区：考虑电网现状实际情况因地制宜划分网格，网格划分应适应网架建设与优化，以内部中压线路"结构调整少、停电范围小"的原则划分，一经划分完成并对其固化，尽量避免规划过渡年多次调整情况。

（2）规划建设区：需要考虑远期布局合理性与过渡便捷性，通过网格划分规范增量电网建设。在确定其目标网格大小时需要按照标准接线的供电能力进行适度调节，确保内部线路能够实现网格独立供电，满足电力负荷需求，为防止日后用电负荷大幅增长或其他意外，还需要留有适当的裕度。

（3）自然发展区：考虑到负荷尚不确定这一要素，为避免出现一些多次调整情况，有必要将该区域视为单一的网格加以管理，直至日后电力负荷明确后再对其进行合理划分。

2. 与城市规划的衔接

网格化规划体系构建过程中，层级关系的确定需要充分考虑城市发展规划、控制性详细规划等市政规划中结构体系，通过网格化规划，将电网建设与城市发展统一协调。在划分过程中需要综合考虑以下因素。

（1）自然分界：网格、单元划分避免跨越河流、山岭等自然地理分界。

（2）市政规划：网格划分与市政规划分区分片相协调，对发展不确定区域先按单一片区进行管理，单元划分不应跨越市政规划边界。

（3）建设标准：网格划分需要考虑区域规划定位与电网建设标准相适应，单元划分避免跨越不同建设标准区域。

（4）供电范围：供电单元内变电站、接线组别供电范围明确，不存在供电范围交叉的情况。一组接线的供电能力能满足用户需求时，尽量避免多个单元为同一用户供电的情况。

3. 电网问题

（1）电网规模：需要明确不同层级最小单位的具体规模，规模设置时可以考虑电网规划方案实施的合理性与便捷性，大小有度、界线清晰、供电独立，避免为了网格化而划分网格，由于不同层级基本单元规模设置的不合理，影响配电网建设改造方案的提出与实施。

（2）多元负荷接入：随着分布式能源、电动汽车充电设施、5G基站、储能设施地投入使用，需求侧响应产生的虚拟电厂作用，配电网急需适应有无源网络到有源网络的形态变化，网格单元划分应充分考虑新形势下的能源、负荷消纳平衡。

2.4.1 "自下而上"网格化划分影响因素

1. 区域基本情况

"自下而上"一般适用于规划建成区，主要以现状电网情况为主要依据，在供电网格、供电单元划分时，应以现状配电网标准接线组为单位，辨识主干联络通道，理顺网架结构，形成供电单元，减少线路切改，以多个供电单元组成供电网格。

以DF网格为例，原供电单元划分（见图2−16）以网格内主要道路HX路为边界进行划分，该区域两侧现状主要由HPJ变电站、LZX变电站、TYJ变电站等供电，线路接线在HX路两侧跨越较多，不宜划分为供电单元边界。应首先辨识该区域主干联络通道、变电站供区进行供电单元划分，再根据接线组规模对供电单元进行细化。图2−17中黑色粗线为DF网格主干线路联络通道，应以黑色粗线作为供电单元边界。

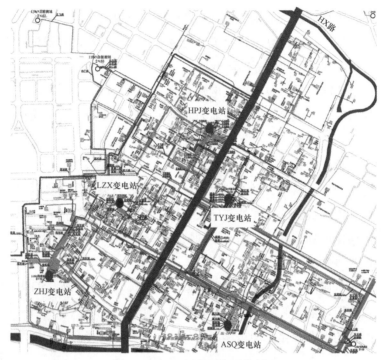

图 2-16 DF 网格原有网格划分

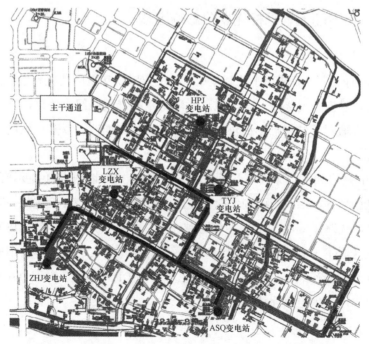

图 2-17 DF 网格主干线路通道

2. 运维管辖范围

运维管辖范围主要影响供电分区及供电网格划分，以 KEL 市为例，该市城区由 3 个供电所管辖，具体情况见图 2-18 所示。根据管辖范围应将 3 个供电所划分为 3 个供电分区。下一步应结合电网规模、道路山川、变电站供区等原则进一步划分供电网格及供电单元。

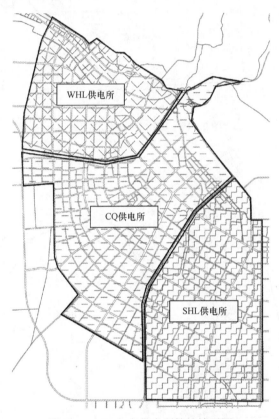

图 2-18　KEL 市供电所管辖情况图

3. 电网规模

在供电网格划分时应考虑为供电网格供电的变电站数量，按照划分原则应控制在 2～4 座变电站。以 KEL 市 LCQ 供电分区为例，该供电分区远期共有 6 座变电站供电（见图 2-19），应划分为两个供电网格（见图 2-20）。

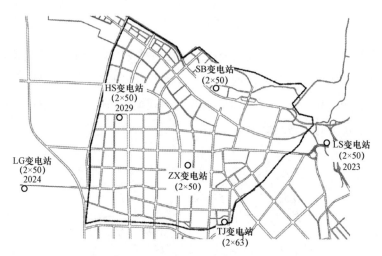

图 2-19 KEL 市 LCQ 供电分区

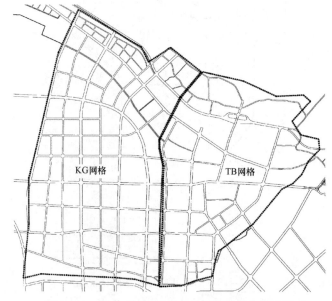

图 2-20 KEL 市 LCQ 供电分区网格划分情况图

4. 现状电网走向

"自下而上"网格化划分需要充分结合现状电网走向，避免因网格划分、单元划分产生的线路切改。

以图 2-21 中 3、5 号单元为例，调整前 3 号和 5 号单元边界在 XY 路，道路两侧线路较多。虽 C 站位于 5 号单元中部区域，但 C 站也向 3 号单元供电，不满足供电单元独自供电原则和无跨单元供电原则，优化后将单元边界沿电网走向调整到 C 站以下，方便单元独立供电的实现。

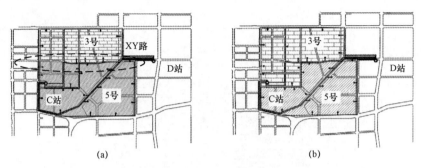

图 2-21　3、5 号单元优化前后对比图

（a）优化前；（b）优化后

2.4.2　"自上而下"网格化划分影响因素

"自上而下"网格化划分应先依据城市特点开展，供电网格初步划分应根据城市规划情况、区域基本情况、地理地貌形态因素、建设标准，完成初步划分，各影响因素案例如下。

1. 城市规划情况

图 2-22 为 BS 网格用地性质图，该网格有较为明显的居住区、仓储区、工业区、商业区，在供电单元划分时不宜将不同功能区划分在一起。

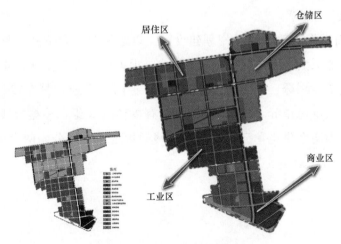

图 2-22　BS 网格用地性质图

根据城市控规可以将BS网格初步划分为4个供电单元,具体情况见图2-23所示。

图2-23　BS网格初步供电单元划分

2. 区域基本情况

"自上而下"一般适用于规划建设区,以远期负荷预测结合目标网架编制为主要参考原则,先进行目标网架编制,根据网架编制工作依据标准接线组开展供电单元划分。以 BS 网格为例,目标网架规划如图 2-24 所示,根据目标网架原供电单元 02 号内共计规划有单环网 8 组,根据接线组规模应进一步划分为两个供电单元,根据目标网架规划情况划分为两个供电单元,见图 2-25,优化后见表 2-5。

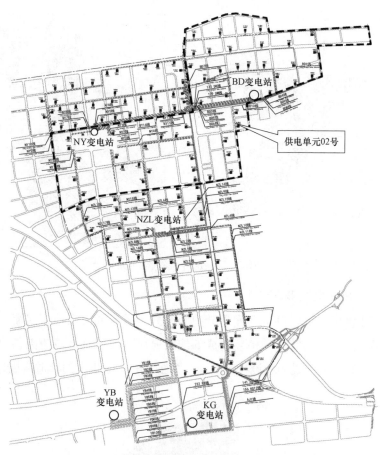

图 2-24　BS 网格目标网架规划情况

表 2-5 　　　　　　　　　　**BS 网格供电单元优化**

序号	供电单元编号	供电单元名称	供电区域类型	面积（km²）
1	SX - XXKG - BD - 001 - B	BS 网格 01 单元	B	3.89
2	SX - XXKG - BD - 002 - B	BS 网格 02 单元	B	4.06
3	SX - XXKG - BD - 003 - B	BS 网格 03 单元	B	5.09
4	SX - XXXQ - HW - 004 - B	BS 网格 04 单元	B	3.07
5	SX - XXXQ - HW - 005 - B	BS 网格 05 单元	B	1.90
6	SX - XXXQ - HW - 006 - B	BS 网格 06 单元	B	2.63
合计				20.64

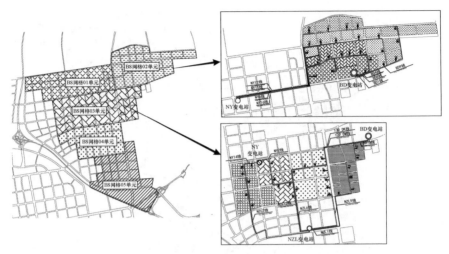

图 2-25　BS 网格供电单元划分情况

3. 地理地貌形态因素

在供电网格、供电单元划分中因充分考虑区域内山川、河流、铁路、主干道路、高速公路等地理地貌造成的线路通道建设困难，避免因供电网格、供电单元跨越地形造成的建设投资困难。图 2-26 为 JJ 供电网格道路规划及单元划分

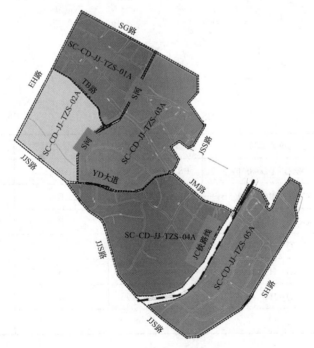

图 2-26　JJ 供电网格道路规划及单元划分情况

情况，该网格南部有 JC 铁路线横穿，根据原则划分为 SC–CD–JJ–TZS–04A 和 SC–CD–JJ–TZS–05A 两个供电单元。

4. 建设标准

在网格划分需要考虑区域规划定位与电网建设标准相适应，避免跨越不同建设标准区域。

图 2–27 为 LZ 城区供电区域划分图，在供电网格划分过程中应考虑建设标准差异性将不同供电区域划分开，具体结果如图 2–28 所示。

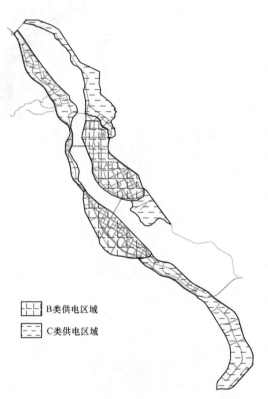

图 2–27　LZ 城区供电区域划分示意图

配电网网格单元制建设改造 →

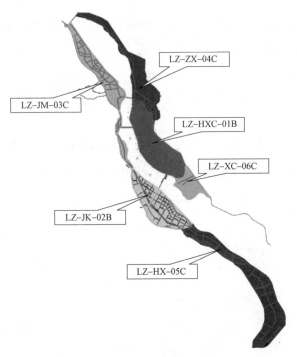

图 2-28　LZ 城区网格划分示意图

第3章

配 电 网 评 估

3.1 评 估 体 系

配电网评估主要目的为评价配电网建设水平，寻找配电网薄弱环节，可分为供电质量、供电能力、网架结构、装备水平、电网运行、经济性6个维度，供电可靠性、电压质量等14个方面，供电可靠率、综合电压合格率等36项详细指标，能够较全面地反映配电网规划成果的主要特征。常用指标见表3-1。

表3-1　　　　　　　　　　配电网现状评估常用指标

序号	6个维度	14个方面	36项详细指标
1	供电质量	供电可靠性	用户平均停电时间（h）
2			用户平均故障停电时间（h）
3			用户平均预安排停电时间（h）
4			供电可靠率（RS-1）（%）
5		电压质量	综合电压合格率（%）
6	供电能力	110（35）kV电网供电能力	容载比
7		10kV电网供电能力	线路最大负载率平均值（%）
8			配电变压器综合负载率（%）
9			户均配电变压器容量（kVA/户）

续表

序号	6 个维度	14 个方面	36 项详细指标
10			主变压器 $N-1$ 通过率（%）
11		110（35）kV 电网结构	主变压器 $N-1$ 通过率（%）
12			线路 $N-1$ 通过率（%）
13			单线单变比例（%）
14			标准接线占比（%）
15			线路联络率（%）
16			线路站间联络率（%）
17	网架结构		架空线路交跨处数量（处）
18			线路路径重叠数量（处）
19		10kV 电网结构	线路供电半径超标比例（%）
20			线路迂回条数（条）
21			架空线路平均分段数（段）
22			架空线路分段合理率（%）
23			架空线路大分支数（条）
24			线路 $N-1$ 通过率（%）
25		110（35）kV 电网装备水平	10kV 间隔利用率（%）
26	装备水平	10kV 电网装备水平	架空线路绝缘化率（%）
27			高损配电变压器占比（%）
28		110（35）kV 运行情况	重过载主变压器占比（%）
29	电网运行		重过载线路占比（%）
30		10kV 运行情况	重过载线路占比（%）
31			公用线路平均装接配电变压器容量（MVA/条）
32		电能损耗	110kV 及以下综合线损率（%）
33		投资效益	110kV 及以下单位投资增供电量（kWh/元）
34	经济性		110kV 及以下单位投资增供负荷（kW/元）
35		收入效益	售电收入效益评价
36		社会效益	社会经济效益评价

3.2　供 电 质 量 指 标

供电质量指标主要包含供电可靠性评价和电能质量评价考核。在配电网建设改造过程中应坚持以差异化的理念开展在供电可靠性及电能质量提升工作，以安全、可靠、经济为目标向用户供电。

供电可靠性评价一般采用供电可靠率（RS-1）作为衡量系统可靠性的总体指标，统计包含故障停电、预安排停电及系统电源不足限电等情况下停电。同时为针对性提出供电可靠性提升方案，提升用户获得感，可进一步分析故障停电时间、预安排停电时间、用户平均停电次数、用户平均停电缺供电量等指标。

电压质量评价一般采用综合电压合格率作为衡量系统电压质量的总体指标。在配电网建设改造过程中主要关注线路压降、台区低压用户压降两项指标，结合线路、台区负荷情况、线路、台区供电范围等相关指标提出建设改造意见。

3.2.1　供电可靠性分析

配电网单元制供电可靠性分析可以以配变为单位开展评估，具体分析配变的故障停点、计划停电情况，分析停电原因占比从而针对性的提出供电可靠性提升方案。具体建议分为四个指标进行评估，分别为用户平均停电时间、用户平均故障停电时间、用户预安排停电时间、网格供电可靠率，具体指标定义及计算公式如下所示。

1. 用户平均停电时间

指标定义：用户平均停电时间为供电用户在统计期间内的平均停电小时数，其公式如下

$$用户平均停电时间 = \frac{\sum(每次停电持续时间 \times 每次停电用户数)}{总用户数}$$

2. 用户平均故障停电时间

指标定义：用户平均故障停电时间为用户在统计期间内的平均故障停电小时数，其公式如下

$$用户平均故障停电时间 = \frac{\sum(每次故障停电时间 \times 每次故障停电用户数)}{总供电用户数}$$

3. 用户平均预安排停电时间

指标定义：用户平均预安排停电时间指在统计期间内，每一用户的平均预安排停电小时数，其公式如下

$$用户平均预安排停电时间 = \frac{\sum(每次预安排停电时间 \times 每次预安排停电户数)}{总用户数}$$

4. 供电可靠率（RS-1）

指标定义：供电可靠率（RS-1）为在统计期间内，对用户有效供电时间总小时数与统计期间小时数的比值，记作 RS-1，其公式如下

$$RS-1(\%) = \left(1 - \frac{用户平均停电时间}{统计期间时间}\right) \times 100\%$$

5. 计算案例

在网格化供电可靠率分析中通常可以采用配电变压器停电时长和供电户数进行统计分析。

（1）基础数据统计：统计网格内配电变压器停电情况及供电户数，包含故障停电时长及计划停电时长，表 3-2 为某 B 类网格配电变压器停电情况统计。

表 3-2　　　　某 B 类网格配电变压器停电情况及用户停电统计

序号	配电变压器名称	公用变压器/专用变压器	供电户数（户）	故障停电时长（min）	预安排停电时长（min）	用户故障停电时长（min）	用户预安排停电时长（min）
1	A 小区 1 号配电室	公用变压器	52	27	15	1404	780
2	A 小区 2 号配电室	公用变压器	60	35	20	2100	1200
3	B 村 3 号公用变压器	公用变压器	132	28	17	3696	2244
⋮							
1541							
合计			8285	61 465	48 017	1 569 600	821 202

（2）计算停电时长：分别计算用户故障及预安排停电时长，根据统计信息该网格内用户故障停电时长总计 1 569 600min，用户预安排停电时长总计 821 202min，网格内供电户数 8285 户。根据公式计算可得用户平均故障停电时间 3.16h/户，用户平均预安排停电时间 1.65h/户，用户平均停电时间 4.81h/户。该网格内故障停电时间占停电总时长的 65.7%，在网格建设改造过程中应重点加强网格内故障分析。

（3）供电可靠率计算：按照计算公式该网格年供电可靠率为 99.945 1%，该网格现状供电可靠性未达到 B 类区域标准。针对网格内用户平均故障停电时间较长的问题建议重点加强网格内装备水平分析，减少应设备老旧、隐患等问题产生的故障。同时，应加强线路网架建设，提高配电网故障转移能力。

3.2.2　电压质量分析

电压质量是指给出实际电压与理性电压的偏差，以反映供电部门向用户分配的电力是否合格。电压偏差是指系统各处的电压偏离其额定值的百分比，它是由于电网中用户负荷的变化或电力系统运行方式的改变，使加到用电设备的电压偏离网络的额定电压。若偏差较大时，对用户的危害很大，不仅影响用电设备的安全、经济运行，而且影响生产的产品产量与质量。

1. 综合电压合格率（%）

综合电压合格率为实际运行电压偏差在限值范围内的累计运行时间与对应总运行统计时间的百分比。

计算公式：综合电压合格率应按式（3-1）计算，监测点电压合格率应按式（3-2）计算

$$V = 0.5 \times V_A + 0.5 \times \frac{V_B + V_C + V_D}{3} \qquad (3-1)$$

$$V_i = \left(1 - \frac{t_{up} + t_{low}}{t}\right) \times 100\% \qquad (3-2)$$

式中　V——综合电压合格率；

　　　V_A——A 类监测点合格率；

　　　V_B——B 类监测点合格率；

　　　V_C——C 类监测点合格率；

V_D——D 类监测点合格率；

V——监测点电压合格率；

t_{up}——电压超上限时间；

t_{low}——电压超下限时间；

t——总运行统计时间。

2. 计算案例

表 3-3 为某区域各类监测点电压合格率，经计算该区域综合电压合格率为99.92%。

表 3-3　　　　　　　　　某区域各类监测点电压合格率

序号	监测点类别	合格率（%）
1	A 类监测点合格率	99.98
2	B 类监测点合格率	99.94
3	C 类监测点合格率	99.91
4	D 类监测点合格率	99.71
5	综合电压合格率	99.92

3.3　供电能力指标

供电能力指标主要从变电站、线路、配电变压器等设备开展分析工作，从宏观角度评估配电网对电力需求增长的满足情况。具体建议分为四个指标进行评估，分别为 110（35）kV 电网容载比、10kV 线路最大负载率平均值、10kV 配电变压器综合负载率和户均配电变压器容量，具体指标定义及计算公式如下所示。

3.3.1　110（35）kV 电网容载比

（1）指标定义及计算公式。容载比应分电压等级计算，指某一供电区域、同一电压等级电网的公用变电设备总容量与对应的网供负荷的比值。容载比一般用于评估某一供电区域内 110（35）kV 电网的容量裕度，是配电网规划的宏观性指标。在配电网规划设计中一般采用以下公式进行估算

$$R_S = \frac{\sum S_{ei}}{P_{max}}$$

式中　R_S——容载比，MVA/MW；

　　　P_{max}——规划区域该电压等级的年网供最大负荷；

　　　$\sum S_{ei}$——规划区域该电压等级公用变电站主变压器容量之和。

容载比计算一般以区县为单位进行统计，在部分区域由于负荷发展水平不平衡宜按照供电分区开展统计，以指导区域变电站建设。在评估容载比时，应结合规划区域经济增长和社会发展的不同阶段，对应的配电网负荷平均增长速率差异化开展，具体选取范围见表 3-4。

表 3-4　　　　　　　　　35～110kV 电网容载比选择范围

负荷增长情况	饱和期	较慢增长	中等增长	较快增长
年负荷平均增长率 k_p	$k_p \leqslant 2\%$	$2\% < k_p \leqslant 4\%$	$4\% < k_p \leqslant 7\%$	$k_p > 7\%$
35～110kV 容载比	1.5～1.7	1.6～1.8	1.7～1.9	1.8～2.0

（2）计算案例。

1）计算年负荷平均增长率 k_p。截至 2018 年底，某某区全社会最大负荷为 593MW，较上一年增长 10.05%，2013～2018 年负荷年均增长率为 11.18%，从负荷增长水平看，处于较快增长程度，统计表见表 3-5。

表 3-5　　　　　　　　　某某区历史年最大负荷统计表

年份	区域最大负荷（MW）	增速（%）
2012	313	—
2013	349	11.5
2014	384	10.0
2015	364	−5.2
2016	430	18.1
2017	539	25.4
2018	593	10.05

2）年网供最大负荷统计。根据统计某某区 2018 年 110kV 网供最大负荷出现于 7 月 29 日 14 时,该时刻区域内各 110kV 变电站负荷及容量情况见表 3-6。根据统计情况该区域 2018 年 110kV 网供负荷最大值为 460.61MW。

表 3-6　　　　　某某区 2018 年 110kV 网供最大负荷
时刻 110kV 变电站负荷统计表

序号	变电站	所属供电分区	主变压器编号	主变压器容量（MVA）	最大网供时刻负荷（MW）	最大网供时刻负载率（%）
1	变电站 A	供电分区 A	1 号	50	23.92	47.84
			2 号	50	24.02	48.04
2	变电站 B	供电分区 A	1 号	50	3.55	52.12
			2 号	50	3.59	45.04
3	变电站 C	供电分区 B	1 号	50	38.16	76.32
			2 号	50	40.57	81.14
4	变电站 D	供电分区 B	1 号	50	32.84	65.68
			2 号	50	30.81	61.62
5	变电站 E	供电分区 B	1 号	50	38.47	76.94
			2 号	50	37.09	74.18
6	变电站 F	供电分区 B	1 号	50	30.02	60.04
			2 号	50	30.08	60.16
7	变电站 G	供电分区 B	1 号	50	26.06	7.10
			2 号	50	22.52	7.18
8	变电站 H	供电分区 C	1 号	50	30.28	60.56
			2 号	50	20.52	41.04
9	变电站 I	供电分区 C	1 号	50	14.17	28.34
			2 号	50	13.94	27.88

3）容载比计算。根据统计数据可知该区域 2018 年 110kV 网供负荷最大值为 460.61MW,110kV 公用变电站主变压器容量合计 900MVA,110kV 电网容载比为 1.95。根据历史负荷增长情况可知该区域 k_p 为 11.8%,属较快增长区域,容载比总体符合要求。

进一步分析各供电分区容载比情况可知，供电分区 A 110kV 网供负荷最大值为 55.08MW，110kV 公用变电站主变压器容量合计 200MVA，容载比 3.63；供电分区 B 110kV 网供负荷最大值为 326.62MW，110kV 公用变电站主变压器容量合计 500MVA，容载比 1.53；供电分区 C 110kV 网供负荷最大值为 78.91MW，110kV 公用变电站主变压器容量合计 200MVA，容载比 2.53。从各供电分区容载比来看供电分区 B 容载比整体偏低，应加快该供电分区高压变电站建设。

3.3.2　10kV 线路最大负载率平均值（%）

（1）指标定义及计算公式。10kV 线路最大负载率平均值是用于评估某一供电区域内 10kV 线路的容量裕度。线路最大负载率平均值按区域内各条公用线路的最大负载率算术平均值计算，具体公式如下

$$\bar{l}_{max} = \frac{\sum l_i}{n}$$

$$l_i = \frac{P_{max}}{S} = \frac{I_{max}}{I_{限}}$$

式中　$\bar{l}_{max}$——10kV 线路最大负载率平均值，%；

　　　l_i——10kV 线路最大负载率，%；

　　P_{max}——最大负荷日的线路最大负荷，MW；

　　　S——线路主干持续传输容量，MW；

　　I_{max}——最大负荷日的线路最大电流，A；

　　　$I_{限}$——线路限额电流，A。

（2）计算案例。

1）统计最大负荷日线路负荷情况。根据统计某某区最大负荷日为 8 月 13 日 13 时，该时刻区域内各 10kV 线路负荷及线路限额情况见表 3-7。

表 3-7　　　某某网格最大负荷日 10kV 线路负荷及线路限额情况

序号	线路名称	所属变电站	限额电流（A）	最大电流（A）	最大负载率（%）
1	线路 A	变电站 A	481	480	99.79
2	线路 B	变电站 A	481	469.79	97.67

续表

序号	线路名称	所属变电站	限额电流（A）	最大电流（A）	最大负载率（%）
3	线路 C	变电站 A	475	216	45.47
⋮					
12	线路 L	变电站 B	600	303.6	50.60

2）计算 10kV 线路最大负载率平均值。表 3-7 中已计算出 10kV 线路最大负载率，根据公式对该数据计算算数平均值，该网格 10kV 线路最大负载率平均值为 49.33%，线路负载水平整体较高。

3.3.3　10kV 配电变压器综合负载率（%）

（1）指标定义及计算公式。10kV 配电变压器综合负载率为 10kV 公用配电变压器总负荷与公用配电变压器总容量比值的百分数，用于评估供电区域内 10kV 配电变压器的容量裕度，具体计算公式如下

$$l = \frac{P_{\max}}{S}$$

式中　　l——10kV 配电变压器综合负载率，%；

　　$P_{\max}$——10kV 公用配电变压器总负荷，MW；

　　S——10kV 公用配电变压器总容量，MW。

（2）计算案例。

1）统计最大负荷日配变负荷情况。根据统计某某区最大负荷日为 8 月 13 日 13 时，该时刻区域内各 10kV 公用配电变压器负荷及配电变压器容量情况如表 3-8 所示。

表 3-8　　区域内各 10kV 公用配电变压器负荷及配电变压器容量表

序号	配电变压器名称	总容量（kVA）	最大负载率（%）	最大负荷（kW）
1	A 小区 1 号配电室	500	18.39	91.95
2	A 小区 2 号配电室	500	7.04	35.2
3	B 小区配电室 2 号公用配电变压器	630	18.39	115.857
⋮				
914	C 村 4 号公用配电变压器	1000	30.75	307.5
	合计	566 030		112 300.265

2）计算 10kV 配电变压器综合负载率。

根据公式计算 10kV 配电变压器综合负载率，该网格 10kV 配电变压器综合负载率为 19.84%，区域配比供电能力总体充裕。

3.3.4 户均配电变压器容量（kVA/户）

（1）指标定义及计算公式。户均配电变压器容量为公用配电变压器容量扣除非户均容量与低压用户数的比值，一般用于评估某一供电区域内配电变压器规模与户数规模的协调水平，不同发展程度的区域，其户均配电变压器容量需求不同，具体计算公式如下

$$户均配电变压器容量（kVA/户）=\frac{公用配电变压器总容量-非户均容量}{低压用户数}$$

非户均容量一般为动力用户、非居民用户容量，可通过营销低压电量采集系统进行查询。针对台区非户均容量总值大于总量的，应根据用户实际负荷进行容量调整。

（2）计算案例。

1）统计配电变压器容量及供电户数。统计网格内各公用配电变压器容量及低压用户数，表 3-9 为某网格公用配电变压器容量统计及低压用户数统计表。

表 3-9　　　　　某网格公用配电变压器容量及用户统计表

序号	公用配电变压器名称	公用变压器容量（kVA）	非户均容量（kVA）	供电户数（户）	户均配电变压器容量（kVA）
1	A 村 1 号公用配电变压器	400	50	86	4.65
2	B 小区 2 号配电室 1 号配电变压器	800	0	201	3.98
3	B 小区 2 号配电室 2 号配电变压器	800	0	210	3.81
4	B 小区 1 号配电室 1 号配电变压器	1250	100	408	3.06
⋮					
119	D 小区 1 号配电室 7 号配电变压器	630	30	109	5.78
	合计	56 840	6570	18 139	3.13

2）户均配电变压器容量计算。根据统计该网格共有 10kV 公用配电变压器 119 台，总容量 56.840MVA，非户均容量 6.570MVA，低压用户 18 139 户，

户均配电变压器容量 2.77kVA/户。进一步分析网格内户均容量小 2kVA/户的配电变压器，统计情况见表 3-10。

表 3-10 某网格户均配电变压器容量小于 2kVA/户统计

序号	配电变压器名称	容量（kVA）	用户数（户）	户均配电变压器容量（kVA/户）
1	A 村 5 号公用配电变压器	80	54	1.48
2	B 小区 5 号箱式变压器	630	332	1.90
3	C 村 1 号公用配电变压器	200	101	1.98
4	D 村 6 号公用配电变压器	315	218	1.44

根据统计情况该网格共有 4 台配电变压器户均配电变压器容量小于 2kVA/户，应结合负荷情况尽快安排配电变压器增容、布点工作。

3.4 网架结构指标

网架结构指标一般从 110kV 电网及 10kV 电网两个层级开展评价。110kV 电网主要从主变压器、线路 N-1 通过率、变电站单线单变等入手考核网架结构转供能力。10kV 电网主要从标准接线比例、线路联络化率、线路站间联络化率、供电半径超标比例、架空线路分段数、架空线路大分支数等 7 项指标考核 10kV 电网网架坚强程度。

3.4.1 110（35）kV 主变压器 N-1 通过率（%）

（1）指标定义及计算公式。110（35）kV 主变压器 N-1 通过率为计算所有通过 N-1 校验的主变压器台数的比例，反映 110（35）kV 电网中的单台主变压器故障或计划停运，本级及下一级电网的转供能力，具体计算公式如下

$$主变压器 N-1 通过率（\%）= \frac{满足 N-1 的主变压器台数（台）}{主变压器总台数（台）}$$

注：N-1 停运下的停电范围及恢复供电的时间要求依据 DL/T 256—2012《城市电网供电安全标准》和 Q/GDW 1738—2020《配电网规划设计技术导则》。

A+、A、B、C 类供电区域高压配电网应满足"N-1"原则。在主变压器 N-1

校验过程中可通过中压配电网转移负荷的比例，A+、A 类供电区域宜控制在 50%～70%，B、C 类供电区域宜控制在 30%～50%。

（2）计算案例。

1）统计最大负荷日各变电站负荷情况。某某区最大负荷日时刻区域内各变电站负荷情况如表 3-11 所示。

表 3-11　　　　　　　某某区 110kV 变电站负荷统计情况

序号	变电站	电压等级	主变压器（MVA）		最大负荷日负荷（MW）
			编号	容量	
1	变电站 A	110/10	1 号	50	26.03
			2 号	50	26.09
2	变电站 B	110/10	1 号	50	19.86
			2 号	50	14.56
			3 号	50	23.89
3	变电站 C	110/10	1 号	50	26.57
			2 号	50	37.22
4	变电站 D	110/10	1 号	50	33.99
			2 号	50	19.16
5	变电站 E	110/10	1 号	50	26.84
			2 号	50	24.41
6	变电站 F	110/10	1 号	50	26.71
			2 号	50	27.51
7	变电站 G	110/10	1 号	50	15.22
			2 号	50	15.4
8	变电站 H	110/35/10	1 号	40	22.42
			2 号	31.5	17.45
9	变电站 I	110/10	1 号	50	8.95
			2 号	50	9.03
10	变电站 J	110/10	1 号	50	23.29
			2 号	50	23.36

2）主变压器 $N-1$ 计算及统计（见表 3-12 和表 3-13）。根据变电站负荷情况计算各主变压器 $N-1$ 情况。经计算该区域共有 2 台主变压器不满足主变压器 $N-1$，为变电站 C 2 台主变压器，造成主变压器 $N-1$ 不通过的原因主要为变电站负荷较高，线路联络数量不足。

表 3-12　　　　　某某区 35～110kV 变电站主变压器 $N-1$ 计算

序号	变压器名称	变电容量（MVA）	最大负荷日负荷（MW）	中压线路可转带负荷（MW）	其他主变压器转移负荷（MW）	失电负荷（MW）	是否满足"$N-1$"
1	变电站 A1 号主变压器	50	26.03	10.27	23.91	0	通过
⋮							
6	变电站 C1 号主变压器	50	26.57	12.43	12.78	1.36	不通过
7	变电站 C2 号主变压器	50	37.22	12.04	23.43	1.75	不通过
⋮							
21	变电站 J2 号主变压器	50	23.36	14.22	26.71	0	通过

根据计算结果可知该区域主变压器 $N-1$ 通过率为 90.48%。

表 3-13　　　　　某某区 110kV 变电站主变压器 $N-1$ 统计

区域	110kV 变电站主变压器		
	合计	满足 $N-1$	不满足 $N-1$
主变压器负载率按 100% 考虑	21	19	2

3.4.2　110（35）kV 线路 $N-1$ 通过率（%）

指标定义：计算所有通过 $N-1$ 的 110（35）kV 线路占本电压等级线路总条数的比例，反映 110（35）kV 电网结构的强度。

3.4.3　110（35）kV 电网单线单变比例（%）

（1）指标定义及计算公式。

1）指标定义：单回进线或单主变压器运行的 110（35）kV 变电站座数，占 110（35）kV 变电站总座数的比例。

2）计算方法：单线单变比例 ＝ ［110（35）kV 单线变电站座数 ＋ 110（35）单变变电站座数］/变电站总座数 × 100%

（2）计算案例。图 3-1 为某区域 110kV 电网接线图，根据接线图可知该区域共有单主变运行变电站 3 座，无单进线变电站，单线单变比例为 27.27%。

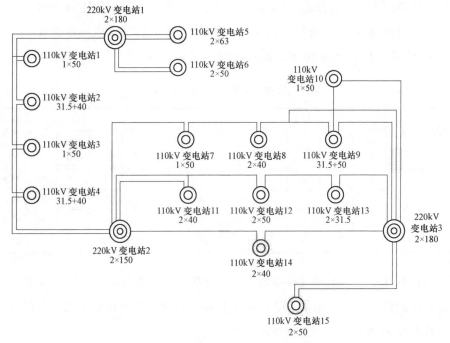

图 3-1　某区域 110kV 电网接线图

3.4.4　10kV 标准接线占比（%）

（1）指标定义。10kV 标准接线占比是指 10kV 配电网中满足标准化网架结构的线路条数占总线路条数的比例。C 类及以上供区，电缆标准接线为单环网和双环网，架空线路标准接线为架空多分段单联络、多分段两联络、多分段三联路；D 类供区仅复杂联络为非标准接线，其余接线方式均为标准接线。该指标计算方案如下：

1）按照供电类型统计。分别统计各类供区的标准接线条数，除以该供区线路总条数，得该供区的标准接线占比。

2）按供电分区（网格）统计。统计供电分区内各类供区的标准接线条数相加，除以供电分区线路总条数，得到供电分区的标准接线占比。

（2）计算案例。

1）规划区域标准接线比例计算。某规划区域有 B、C、D 三类供区，表 3-14 为该区域各类供电区域接线情况统计，表中带黄色填充的为非标准接线。经计算，该规划区域共计供电线路 119 条，标准接线 99 条，标准接线比例 83.19%。其中，B 类供电区域总线路 40 条，标准接线 30 条，标准接线比例 75%；C 类供电区域总线路 42 条，标准接线 33 条，标准接线比例 78.57%；D 类供电区域总线路 37 条，标准接线 36 条，标准接线比例 97.30%。

表 3-14　　　　　　　某规划区域各类供区的标准接线占比

供电区域类型	线路总条数	电缆					架空					标准接线条数	标准接线占比（%）
		单环网	双环网	单射	双射	其他	单联络	两联络	三联络	单辐射	复杂联络		
B	40	16	8	0	2	7	4	1	1	1	0	30	75.00
C	42	8	4	1	0	5	18	2	1	3	0	33	78.57
D	37	—	—	—	—	—	22	4	1	9	1	36	97.30
合计	119	24	12	1	2	12	44	7	3	13	1	99	83.19

根据标准接线指标来看该规划区域标准接线比例有待提高，其中 B 类区域主要存在问题为电缆线路复杂联络及 3 回辐射线路；C 类区域主要存在问题为电缆线路复杂联络及 4 回辐射线路。

2）供电网格标准接线比例计算。表 3-15 为某 B 类网格线路接线模式统计情况，根据统计情况可知，线路标准接线比例占线路总数的 58.33%。造成该网格非标准接线线路较多的主要原因是主要两个方面，一是存在 1 回单射线路；二是网格内电缆线路联络较复杂，共计 4 回线路为其他接线模式。

表 3-15　　　　　　　某 B 类供电网格线路接线统计

序号	线路名称	线路类型	所属变电站	站间/同站情况	网架结构				
					接线方式	联络线路数（条）	联络线路名称		
							线路 1	线路 2	线路 3
1	线路 A	架空	变电站 A	同站	单联络	1	线路 C		
2	线路 B	电缆	变电站 A	站间	其他	2	线路 E	线路 G	
3	线路 C	电缆	变电站 A	站间	其他	3	线路 G	线路 F	线路 H

< 44 >

续表

序号	线路名称	线路类型	所属变电站	站间/同站情况	网架结构				
					接线方式	联络线路数（条）	联络线路名称		
							线路1	线路2	线路3
4	线路D	电缆	变电站B	同站	单环	1	线路K		
5	线路E	电缆	变电站B	站间	其他	2	线路B	线路I	
6	线路F	电缆	变电站B	站间	单环	1	线路C		
7	线路G	电缆	变电站B	站间	其他	2	线路B	线路C	
8	线路H	电缆	变电站B	站间	单环	1	线路C		
9	线路I	电缆	变电站B	同站	单环	1	线路E		
10	线路J	电缆	变电站B	辐射	单射	0			
11	线路K	架空	变电站B	同站	单联络	1	线路D		
12	线路L	电缆	变电站B	同站	单环	1	线路F		

3.4.5 10kV 线路联络率（%）

（1）指标定义。10kV 线路联络率为实现联络的 10kV 线路条数占 10kV 线路总条数的比例，反映 10kV 电网的转供能力。根据中压配电网供电安全准则 B 类以上供电区域应满足 $N-1$ 要求，C 类供电区域宜满 $N-1$，建议 C 类以上供电区域 10kV 线路联络率达到 100%。

（2）计算案例。根据表 3-15 所示的网格共有 10kV 线路 12 条，其中存在辐射线路 1 条为线路 J，线路联络率为 91.67%。

3.4.6 10kV 线路站间联络率（%）

（1）指标定义。10kV 线路站间联络率为存在站间联络的 10kV 线路条数占 10kV 线路总条数的比例，反映 10kV 电网的站间转供能力。

（2）计算案例。以表 3-15 所示的网格共有 10kV 线路 12 条，其中站间线路 6 条，线路站间联络率为 50%。

3.4.7 架空线路交跨处数量

架空线路交跨处数量指架空线路存在交叉跨越的数量，图 3-2 所示为架空线路交跨示意图，在配电网施工改造、故障抢修等情况下交跨线路易产生线路陪停问题，应在配电网建设改造逐步予以改造。

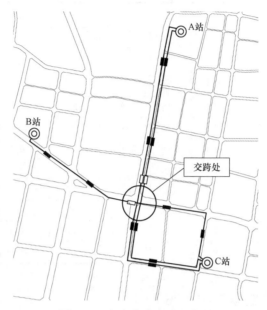

图 3-2　架空线路交跨示意图

3.4.8　线路路径重叠

重叠线路指同一路径上存在多条供电线路，易造成线路供电范围交叉重叠，在用户停电时不易判断故障位置。如图 3-3 所示，HM 线与 HB 线为同一路径，HM 线主要为线路北侧区域供电，HB 线主要为线路南侧区域供电，红框部分为两条线路供电范围交叉部分。

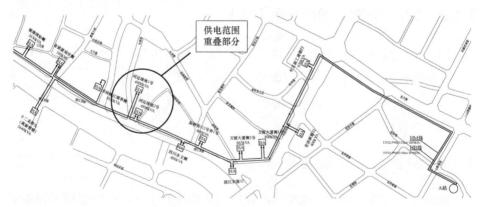

图 3-3　线路路径重叠示意图

3.4.9　10kV线路供电半径超标比例（%）

（1）指标定义。10kV线路供电半径为35kV及以上变电站10kV出线（配电变压器低压侧出线）的供电半径，指其出口处到本线路最远供电负荷点之间的线路长度。

10kV线路供电半径超标比例为统计线路供电半径超标条数（A+、A、B类超过3km；C类超过5km；D类超过15km），超标条数占10kV线路总条数的比例，计算方法如下：

10kV供电半径超标条数（条）与10kV线路总条数（条）比值的百分数。

（2）计算案例。表3-16为某网格供电半径超标线路统计表，该网格属于B类供区，共有公用线路26条，其中供电半径超过3km线路共有15条，占所有公用线路的57.69%。

表3-16　　　　　　　　某网格供电半径超过3km线路统计表

序号	线路名称	所属变电站	性质	所属供电区类型	供电半径（km）
1	A网格01线	变电站A	公线	B	3.687
2	A网格02线	变电站B	公线	B	5.965
3	A网格03线	变电站B	公线	B	4.75
⋮					
15	A网格15线	变电站D	公线	B	6.475

3.4.10　线路迂回条数

线路迂回主要指配电网线路路径布置不合理造成线路供电半径远大于变电站的供电半径。如图3-4所示，某小区由DC线、DY线供电，线路最优供电路径如图中所示的黑色粗线，供电线路存在迂回。结合实际线路走向，最优路径上存在DS线，可通过线路切改减少线路迂回。

3.4.11　10kV架空线路分段情况

（1）指标定义及计算公式。架空线路分段情况主要考核平均分段数及线路分段合理率两个指标。

图 3-4　迂回供电线路地理图

1）10kV 架空线路平均分段数：指所有 10kV 架空线路分段数的平均值，用以衡量区域整体架空线路分段情况。计算方法如下

$$10V架空线路平均分段数 = \frac{10V架空线路的分段数}{10V架空线路总条数}$$

2）10kV 架空线路分段合理率（%）：指架空线路分段合理条数的占比，用以衡量区域架空线路分段合理性。计算方法如下

$$10kV架空线路分段合理率 = \frac{10kV架空线路合理分段条数}{10kV架空线路总条数}$$

架空线路分段合理条数为架空线路总条数扣除分段不合理线路条数。架空线路分段不合理指未根据用户数量、通道环境及架空线路长度合理设置分段开关，分段内接入用户过多，在检修或故障情况下，不利于缩小停电区段范围，可以按照表 3-17 中的要求控制分段内用户数量及分段线路长度。

表 3-17　　　　　中压架空线路分段内用户数及分段线路长度推荐表

区域	分段内用户数（包括）（户）	分段线路长度（km）
A＋、A	≤6	≤1
B、C	≤10	≤2
D、E	≤15	≤3

（2）计算案例。表 3-18 为某网格架空线路分段情况统计表，该网格架空线路平均分段数 1.33，平均分段容量为 12 068kVA。

表 3-18　　　　　　　　　　某网格架空线路分段情况

序号	线路名称	分段数量	架空分段范围	容量（kVA）	备注
1	A 网格 01 线	1	A1 环网箱 B 支路～22 号杆	5720	
2	A 网格 02 线	2	A2 环网箱 C 主线～22 号杆	3000	
			A3 环网箱～42 号杆	9805	
3	A 网格 03 线	1	1～73 号杆	29 750	均为网格外负荷

3.4.12　10kV 架空线路大分支数（条）

（1）指标定义。10kV 架空线路大分支数指统计装接容量大于 5000kVA 或中低压用户数大于 1000 户的分支线。架空线路大分支易造成大面积用户停电，对供电可靠性压力较大，在改造过程中可以通过分支线路分割、分段等手段实现。

（2）计算案例。表 3-19 为某网格架空大分支统计清单，网格内共计存在架空大分支线路 2 条，分别为 10kVA 区支线、B 区二支线，分支装机容量分别为 15 940kVA 和 19 125kVA。

表 3-19　　　　　　　　　　某网格架空大支线清单

序号	大分支名称	主线	分支装机容量（kVA）
1	A 区支线	C 网格 01 线	15 940
2	B 区二支线	C 网格 02 线	19 125

3.4.13　线路 N-1 通过率

（1）指标定义。本指标计算所有通过 N-1 的 10kV 线路占本电压等级线路总条数的比例，反映 10kV 电网结构的强度，其中，10kV 线路是否满足 N-1 需要根据电网结构结合线路运行情况进行校验。

（2）计算案例。图 3-5 所示为某网格 10kV 线路网架结构图，根据该图统计该网格联络情况及线路运行情况进行线路 N-1 校验，具体结果如表 3-20 所示。该网格不满足 N-1 校验的线路共计 7 条，N-1 通过率为 58.82%，联络线路中只有 Y11 线不通过 N-1 校验，其余不通过 N-1 校验全为单辐射线路。

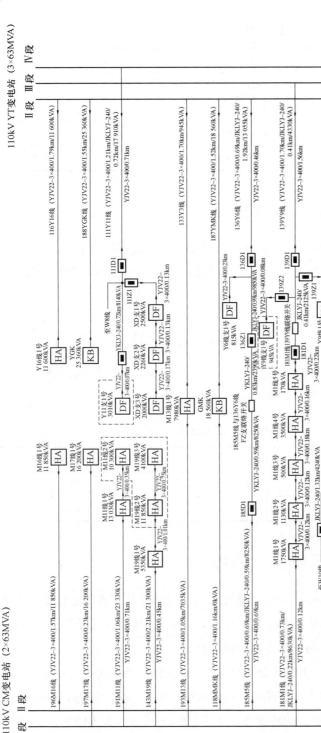

图 3-5 某网格 10kV 电网拓扑结构图

表 3-20　　　　　　　　某网格网格线路 *N*–1 校验一览表

序号	线路名称	线路限流（A）	最大电流（A）	联络线路名称	联络线路限流（A）	联络线路最大电流（A）	是否通过 *N*–1 校验
1	ML186 线	550	336.55	ME132 线	550	74.88	是
				YSH110 线	550	178.64	
				WS180 线	550	188.53	
2	MSS193 线	600	347.45	YS133 线	550	30.05	是
3	MY181 线	550	170.2	YJ139 线	600	90.54	是
⋮							
17	MQ137 线	550	190.94	—	—	—	否

3.5　装备水平指标

3.5.1　110（35）kV 变电站 10kV 间隔利用率（％）

（1）指标定义及计算公式。变电站 10kV 间隔利用率用于反映 110kV 变电站 10kV 出线间隔使用情况及变电站新出线路的能力，计算方法：所有 110（35）kV 变电站的 10kV 已用间隔占 110（35）kV 变电站 10kV 间隔总数的百分数。

（2）计算案例。表 3-21 为某网格变电站装备水平统计表，经统计该网格共有 10kV 出线间隔 118 个，已用间隔 84 个，其中公用间隔 42 个，专用间隔 42 个，间隔利用率 71.19%。

表 3-21　　　　　　　　某网格变电站装备水平统计表

序号	变电站		主变压器容量及构成（MVA）		10kV 出线间隔（个，%）				主变压器投运时间
	名称	电压等级	总容量	容量构成	总计	公用	专用	利用率	
1	变电站 A	110kV	100	50	20	8	1	45	2016 年 11 月
				50					2016 年 11 月
2	变电站 B	110kV	100	50	29	10	13	79.31	2000 年 4 月
				50					2000 年 4 月

续表

序号	变电站		主变压器容量及构成 （MVA）		10kV 出线间隔 （个，%）				主变压器投运 时间
	名称	电压等级	总容量	容量构成	总计	公用	专用	利用率	
3	变电站 C	110kV	150	50	45	14	17	68.89	2013 年 7 月
				50					2013 年 7 月
				50					2017 年 12 月
4	变电站 D	110kV	100	50	24	10	11	87.5	2016 年 5 月
				50					2016 年 5 月
	合计	110kV	350	—	118	42	42	71.19	—

3.5.2　10kV 架空线路绝缘化率（%）

（1）指标定义及计算公式。10kV 架空线路绝缘化率为 10kV 线路架空绝缘线路长度占 10kV 线路架空线路总长度的比例，反映 10kV 线路的整体绝缘化水平。

（2）计算案例。表 3-22 为某网格 10kV 线路主干线截面统计情况，该网格 10kV 电缆线路主干线截面以 300mm² 和 400mm² 为主；架空线路主干线截面主要以 240mm² 为主，线路绝缘化率为 100%，该网格内中压线路主干线无小截面导线，线路线型规格较为统一。

表 3-22　　　　　　　　　某网格 10kV 线路截面情况

序号	线路名称	变电站名称	电缆主干线导线 截面（mm²）	电缆主干线 长度（km）	架空主干线导线 截面（mm²）	架空主干线 长度（km）
1	C 区 01 线	变电站 A	YJV22-300	0.44	—	—
2	C 区 02 线	变电站 A	YJV22-300	4.875	—	—
3	C 区 03 线	变电站 A	YJV22-300	1.731	JKLYJ-240	1.717
⋮						
45	C 区 45 线	变电站 B	YJV22-3×400	0.44	—	—
	合计		—	123.297	—	33.344

3.5.3　高损配电变压器占比（%）

（1）指标定义及计算公式。高损配电变压器占比为高损配电变压器台数占配电变压器总台数的比例，高损配电变压器指 S7 及以下系列配电变压器，具体公式如下

$$高损配电变压器占比（\%）=\frac{高损配电变压器台数（台）}{配电变压器总台数（台）}$$

根据国网设备部相关要求，全面淘汰 S7（8）及以下高损配电变压器，更换为 S13 及以上配电变压器；针对运行 20 年及以上 S9 高耗能配电变压器应逐步更换为 S13 及以上配电变压器。

（2）计算案例。表 3-23 为某 B 类网格配电变压器型号统计表，根据统计数据该网格已无 S7（8）及以下高损配电变压器，网格内存在 S9 型配电变压器 61 台，运行年限均在 20 年以内，运行情况良好。

表 3-23　　　　　　　某 B 类供电网格配电变压器型号统计

设备	设备型号	数量（台）	占比（%）
公用变压器	S9	57	47.90
	SCB9	4	3.36
	SCB10	6	5.04
	S11	8	6.72
	S11-M	13	10.92
	SCB11	23	19.33
	SBH15	2	1.68
	SBH15-M	6	5.04
合计		119	100.00

3.6　电 网 运 行 指 标

电网运行指标主要通过主变压器、线路负荷分析电网运行情况，主变压器对重过载设备提出解决策略。

3.6.1 重过载主变压器占比（%）

（1）指标定义及计算公式。重过载主变压器占比为重过载主变压器台数占主变压器总台数的比例。重载是指正常运行方式下最大负载率超过 80%的设备，过载指正常运行方式下最大负载率超过 100%的设备，计算方法：重过载主变占比（%）为重过载主变压器台数（台）与主变压器总台数（台）比值的百分数。

（2）计算案例。表 3-24 为某某区变电站负载率统计表，根据统计信息可知该区域共存在 2 台重载主变压器，1 台过载主变压器，重过载主变压器占比 16.67%。

表 3-24　　　　　　　　某某区变电站负载率统计表

序号	变电站		变电容量（MVA）		年最大负荷（MW）	年最大负载率（%）
	名称	电压等级	编号	容量		
1	变电站 A	110kV	1 号	40	33.62	84.05
2			2 号	40	29.84	74.60
3	变电站 B	110kV	1 号	50	25.8	51.60
4			2 号	50	18.29	36.58
5	变电站 C	110kV	1 号	40	25.94	64.85
6			2 号	40	16.58	41.45
7	变电站 D	110kV	1 号	63	14.99	23.79
8			2 号	63	22.78	36.16
9	变电站 E	110kV	1 号	50	50.64	101.28
10			2 号	50	36.12	72.24
11	变电站 F	110kV	1 号	63	16.01	25.41
12			2 号	63	9.18	14.57
13	变电站 G	110kV	1 号	50	30.67	61.34
14			2 号	50	29.94	59.88
15	变电站 H	110kV	1 号	50	33.26	66.52
16			2 号	50	40.83	81.66
17	变电站 I	110kV	1 号	40	27.84	69.60
18			2 号	40	30.28	75.70

3.6.2 重过载线路占比（%）

（1）指标定义及计算公式。重过载线路占比为重过载线路条数占线路总条数的比例。线路重载是指正常运行方式下最大负载率超过 70% 的设备，过载指正常运行方式下最大负载率超过 100% 的设备，计算方法：重过载线路占比（%）为重过载线路条数与线路总条数比值的百分数。

（2）计算案例。表 3-25 为某网格 10kV 线路负荷统计情况，经统计该区域共有重载线路 3 条，无过载线路，重载线路比例 8.82%。

表 3-25　　　　　　　　　某网格 10kV 线路负载率统计表

序号	线路名称	变电站名称	线路型号	线路限流（A）	最大电流（A）	负载率（%）
1	A 区 01 线	变电站 A	JKLYJ-240	556	472.6	85.00
2	A 区 02 线	变电站 A	JKLYJ-240	540	408.16	75.59
3	A 区 03 线	变电站 A	JKLYJ-240	556	416.49	74.91
⋮						
34	A 区 34 线	变电站 A	YJV22-3×400	540	24.3	4.50

3.6.3 公用线路平均装接配电变压器容量（MVA/条）

（1）指标定义及计算公式。公用线路平均装接配电变压器容量为反映 10kV 公用线路挂接配电变压器容量的整体水平，计算方法：公用线路装接配电变压器总容量/公用线路总条数。

（2）计算案例。表 3-26 为某网格 10kV 线路挂接配电变压器统计情况，经统计该区域 10kV 公用线路装接配电变压器总容量为 482.721MVA，公用线路平均装接配电变压器容量为 18.57MVA/条。

表 3-26　　　　　　　　　某网格 10kV 线路挂接配电变压器统计表

序号	线路名称	变电站名称	公用配电变压器台数	公用配电变压器容量（kVA）	专用配电变压器台数（台）	专用配电变压器容量（kVA）	配电变压器总台数（台）	线路总容量（kVA）
1	B 区 01 线	变电站 A	18	4615	42	21 845	60	26 460
2	B 区 02 线	变电站 A	20	6900	30	9815	50	16 715

序号	线路名称	变电站名称	公用配电变压器台数	公用配电变压器容量（kVA）	专用配电变压器台数	专用配电变压器容量（kVA）	配电变压器总台数	线路总容量（kVA）
⋮								
26	B 区 26 线	变电站 D	0	0	3	3000	3	3000
合计			294	107 970	537	377 350	828	482 721

3.7 经济性指标

经济性指标一般用于评估配电网运行经济性，通过 110kV 及以下综合线损率、110kV 及以下单位投资增供电量、110kV 及以下单位投资增供负荷、售电收入效益评价、社会经济效益评价等指标分析电网建设成效。

3.7.1 110kV 及以下综合线损率（%）

（1）指标定义：110kV 及以下配电网供电量与售电量之差占 110kV 及以下配电网供电量的比例。

（2）计算方法：110kV 及以下综合线损率（%）为 110kV 及以下配电网供电量与售电量之差（kWh）与 110kV 及以下配电网供电量（kWh）比值的百分数。

注：计算方法依据 DL/T 686—1999《电力网电能损耗计算导则》。

3.7.2 110kV 及以下单位投资增供电量

（1）指标定义：每增加 1 万元投资可增加的供电量。

（2）计算公式为

$$单位投资增供电量 = \frac{增供电量}{配电网总投资}$$

注：增供电量指本地区 110kV 变电站规划年电量–现状年电量。

3.7.3 110kV 及以下单位投资增供负荷

（1）指标定义：每增加 1 万元投资可提升的负荷。

< 56 >

（2）计算公式为

$$单位投资增供负荷 = \frac{增供负荷}{配电网总投资}$$

3.7.4　售电收入效益评价

（1）指标定义："售电收入效益"指供电可靠性提升后售电收入提升所产生的直接效益。

（2）计算方法：售电收入效益＝（规划年售电量－现状年售电量）×供电可靠性提升百分比×输配电价。

3.7.5　社会经济效益评价

（1）指标定义："社会经济效益"指供电可靠性提升后社会经济损失减少所产生的间接效益，一般根据单位电量对应的 GDP 产值来测算，该值可根据当地电量与经济数据确定。

（2）计算方法：社会经济效益＝（规划年 GDP 产值－现状年 GDP 产值）×供电可靠性提升百分比。

3.8　评估问题总结

电网诊断与评估是结合目前电网建设发展情况，重点诊断配网结构规范性、电网供给能力和配网转供能力等方面。基于相关评估结果，按照影响电网安全运行、组网不规范、选型不规范、设备运行状况不佳等对电网运行与发展影响程度不同进行问题分级，建立问题分级库，作为后续建设改造方案指导。

通过对现状问题进行分级，一方面可以实现对规划项目的排序，投资过程中优先安排级别高的问题与项目；另一方面可以根据问题级别和数量对配电网供电单元进行排序，以更加有针对性的提高某些配电网供电单元的供电可靠性，同时减少项目实施引起的停电时间和停电次数。将问题按照其紧急的程度一一评级，紧急的程度分为三级，分别为Ⅰ级、Ⅱ级和Ⅲ级，其中Ⅰ级的紧急程度最轻，Ⅲ级的紧急程度最大，配电网现状问题分级推荐原则见表 3-27。

表 3-27   配电网现状问题分级推荐原则

指标名称	Ⅲ级	Ⅱ级	Ⅰ级
10kV 线路供电半径	大于标准值三倍	大于标准值两倍 小于等于三倍	大于标准值一倍 小于等于两倍
10kV 线路装接容量	大于 30MVA	大于 25MVA 小于等于 30MVA	大于 20MVA 小于等于 25MVA
10kV 线路分段数	小于 2 段或大于 6 段	小于 3 段或大于 4 段	
10kV 电网 $N-1$ 通过率	A+、A、B 区 $N-1$ 不通过	C 区 $N-1$ 不通过	D、E 区 $N-1$ 不通过
10kV 线路联络率	A+、A、B 区 单辐射线路	C 区 单辐射线路	D、E 区 单辐射线路
10kV 配电变压器负载率	5%＞负载 或负载＞80%	10%＞负载＞5% 或 80%＞负载＞70%	负载 15%＞负载＞10% 或 70%＞负载＞60%
10kV 线路负载率	5%＞负载 或负载＞80%	10%＞负载＞5% 或 80%＞负载＞70%	负载 15%＞负载＞10% 或 70%＞负载＞60%
10kV 在运设备平均投运年限	投运 30 年以上设备	投运 25 年以上设备	投运 20 年以上设备
10kV 高损耗配电变压器比例	S7 及以下配电变压器	S9 及以下配电变压器	
卡脖子	前段线路截面小于 后段线路截面		
非标准接线		不符合典型接线标准	

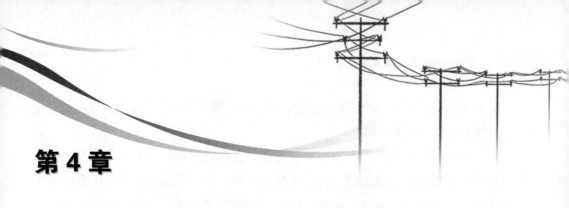

第4章

电 力 需 求 预 测

4.1 电 力 需 求 预 测 思 路

电力需求预测是电网规划中的基础工作，准确与否直接影响到电网规划的使用性和质量优劣。电力需求预测工作要求具有很强的科学性，要以现状水平为基础，充分运用大量的客观实际数据，采用适应不同发展阶段、规划区域的预测方法。电力需求预测一般分为远期预测及近中期预测两个部分开展。为了确定规划区域各年度电力设备规模，要进行分年度负荷预测。通常对饱和负荷与近期负荷应用不同方法进行预测。

远期预测一般采用空间负荷预测法、户均容量法、人均用电量结合 T_{max} 法等方法进行预测。空间负荷预测法结合城市用地发展规划与分类负荷的预测结果，对规划区域内未来负荷发展的空间分布情况进行预测。在预测过程中，应参考同类型较为成熟城的负荷密度指标，并根据本地区城市建设的特点，由点及面、从主到次依次完成规划区域负荷预测。该方法无需历史负荷数据，适用于新开发地区，结合城市控规能够将预测结果细化至用电地块，能够结合用户报装对预测结果进行修正。户均容量法、人均用电量结合 T_{max} 法一般在城市控规缺失的地区使用。

近中期负荷预测根据基础资料完整程度，近期负荷预测可采用多种方法进行预测。对于具备历史用电负荷，且近期点负荷增长明确时，可采用自然增长法、最大负荷利用小时数法、趋势外推法进行预测。对于有控规的空白供电网格（单元），一般可在饱和负荷预测的基础上，结合各地块的建设开发时序，采用 S 形曲线法进行近中期负荷预测。对于历史数据不明缺的可以采用灰色系统模型进行负荷预测。

单元制规划负荷预测的主要目的是得到规划年份年度系统最大负荷，及分压分区的负荷预测结果。从分压角度来说，要得到规划区各电压等级最大负荷，提出各供电分区、各供电网格的变电容量需求；从分区角度来说，要得到负荷的空间分布信息，以提出各地块、各供电单元的配电容量需求、馈线规模需求。

由于供电单元是网格化规划的最小单位，因此网格化规划负荷预测的落足点应为供电单元负荷预测，而供电网格的负荷预测由供电单元汇总得到，规划区域的负荷预测由供电网格汇总得到。

4.2 有控规地区饱和负荷预测法

4.2.1 方法简介

对于已完成城乡规划和土地利用规划的区域，由于其用地性质、规模和空间分布已明确，可采用空间负荷密度法进行供电单元饱和负荷预测。

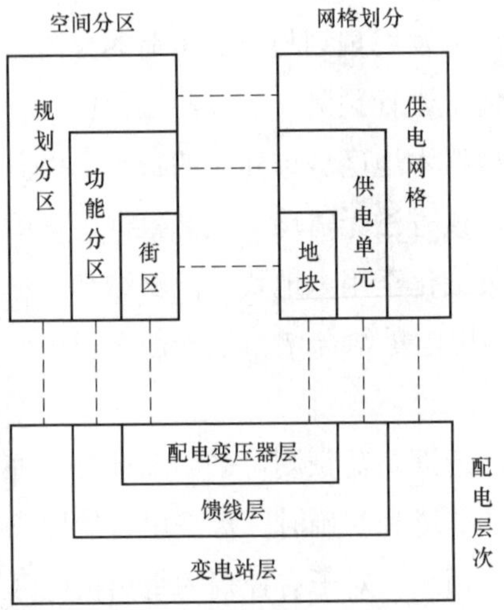

1. 定义及计算方法

负荷密度是指单位面积的用电负荷数（W/m^2 或 MW/km^2）。

为便于空间负荷预测及电网规划，首先要考虑网格划分与空间分区、配电层级三者的关系，三者关系如图 4-1 所示。

空间负荷预测的流程自下而上分别为先通过地块面积和负荷密度指标计算地块的负荷规模，再通过同时率归集至所需各级空间分区的负荷规模。空间负荷预测流程图如图 4-2 所示。

图 4-1 网格划分、空间分区与配电层级之间的关系

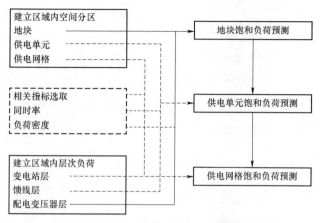

图 4-2　空间负荷预测流程图

（1）地块的负荷预测（配电变压器层）。地块负荷预测根据是否需要考虑容积率，分别采用以下计算公式进行计算

需考虑容积率地块 $\qquad P_i = S_i \times R_i \times d_i \times W_i$ （4-1）

不需考虑容积率地块 $\qquad P_i = S_i \times D_i$ （4-2）

式中　P_i——第 i 个单一用地性质地块的负荷，W；

　　　S_i——地块占地面积，m²；

　　　R_i——容积率；

　　　d_i——典型功能用户负荷指标，W/m²；

　　　W_i——典型用地性质地块需用系数；

　　　D_i——典型功能地块负荷密度，MW/km²。

居住用地、公共管理与公共服务用地、商业设施用地等进行地块负荷预测时需考虑容积率，采用式（4-1）进行计算。

其他类型用地不需考虑容积率，采用式（4-2）进行计算。

由此可分别得出供电单元负荷预测、供电网格负荷预测、供电区域负荷预测公式，以下分别描述供电单元、供电网格、供电区域的负荷预测方法。

（2）供电单元负荷预测（馈线层）。已有详细控制性规划，规划用地性质已知和分类占地面积均已知采用如下计算公式

$$P_{DY} = t_1 \times \sum_{i=1}^{m} P_i$$

式中　P_{DY}——供电单元负荷；

　　　m——供电单元内地块个数；

　　　P_i——第 i 个地块的饱和负荷；

　　　t_1——供电单元内地块之间同时率。

（3）供电网格负荷预测（变电站层）。供电网格负荷预测为供电单元负荷预测考虑同时率的累加，计算公式如下

$$P_{WG} = \sum_{i=1}^{m} P_{DYi} \times t_2$$

式中　P_{WG}——供电网格负荷；

　　　m——供电网格内供电单元的个数；

　　　P_{DYi}——第 i 个供电单元的负荷预测值；

　　　t_2——供电网格内供电单元间同时率。

（4）规划区县负荷预测。规划区县的负荷预测为供电网格负荷预测累加，累加时一般不再考虑同时率，计算公式如下

$$P_{GQ} = \sum_{i=1}^{m} P_{WGi}$$

式中　P_{GQ}——规划区负荷；

　　　m——规划区内供电网格的个数；

　　　P_{WGi}——第 i 个供电网格的负荷预测值。

2. 同时率和需用系数的选取

（1）同时率定义。在电力系统中，负荷的最大值之和总是大于和的最大值，这是由于整个电力系统的用户，每个用户不大可能同时在一个时刻达到用电量的最大值，反映这一不等关系的系数就被称为同时率。即，同时率就是电力系统综合最高负荷与电力系统各组成单位的绝对最高负荷之和的比率，公式如下

$$同时率(\%) = \frac{电力系统最高负荷(kW)}{\sum 电力系统各组成单位的绝对最高负荷(kW)} \times 100\%$$

（2）同时率的选取。前文已经指出，在空间负荷预测中应考虑供电单元内地块之间同时率（t_1）、供电网格内供电单元间同时率（t_2）、规划区内供电网格间的同时率（t_3）等。

$$供电单元同时率\ t_1(\%) = \frac{供电单元最大负荷(MW)}{\sum 地块最大负荷(MW)} \times 100\%$$

供电单元同时率取值一般为 0.75～0.95；

$$供电网格同时率\ t_2(\%) = \frac{网格最大负荷(MW)}{\sum 供电单元(MW)} \times 100\%$$

供电网格同时率取值范围一般为 0.90～1。

3. 空间负荷密度预测指标选取

（1）空间负荷密度指标体系。空间负荷密度指标体系对应 GB 50137—2011《城市用地分类与规划建设用地标准》。负荷密度指标应给出区间范围，原则上建议 A+、A 类区域选取较高值进行空间负荷预测；B、C 类区域选取中间值进行预测；D 类区域使用较低值进行预测，可以根据地区的实际情况进行负荷密度指标选取。表 4-1 和表 4-2 为 GB/T 50293—2014《城市电力规划规范》中负荷密度指标和 DL/T 5542—2018《配电网规划设计规程》中负荷密度指标。

表 4-1　　GB/T 50293—2014《城市电力规划规范》中负荷密度指标

	用地名称	单位建设用地负荷指标（MW/km²）
R	居住用地	10～40
A	公共管理与公共服务用地	30～80
B	商业设施用地	40～120
M	工业用地	20～80
W	仓储用地	2～4
S	交通设施用地	1.5～3
U	公用设施用地	15～25
G	绿地	1～3

表 4-2　　DL/T 5542—2018《配电网规划设计规程》中负荷密度指标

	用地名称			负荷密度（W/m²）	需用系数（%）
R	居住用地	R1	一类居住用地	25	35
		R2	二类居住用地	15	25
		R3	三类居住用地	10	15

续表

用地名称				负荷密度（W/m²）	需用系数（%）
C	公共设施用地	C1	行政办公用地	50	65
		C2	商业金融用地	60	85
		C3	文化娱乐用地	40	55
		C4	体育用地	20	40
		C5	医疗卫生用地	40	50
		C6	教育科研用地	20	40
		C9	其他公共设施	25	45
M	工业用地	M1	一类工业用地	20	65
		M2	二类工业用地	30	45
		M3	三类工业用地	45	30
W	仓储用地	W1	普通仓储用地	5	10
		W2	危险品仓储用地	10	15
S	道路广场用地	S1	道路用地	2	2
		S2	广场用地	2	2
		S3	公共停车场	2	2
U	市政设施用地			30	40
T	对外交通用地	T1	铁路用地	2	2
		T2	公路用地	2	2
		T23	长途客运站	2	2
G	绿地	G1	公共绿地	1	1
		G21	生产绿地	1	1
		G22	防护绿地	0	0
E	河流水域	—	—	0	0

（2）容积率。容积率是指一个小区的地上总建筑面积与用地面积的比率，又称建筑面积毛密度。规划编制过程中，对居住类用地、行政办公类用地、金融服务类等用地进行空间负荷预测时，需考虑容积率。

现行城市规划法规体系下编制的各类居住用地的控制性详细规划中关于容

积率的指标如表 4-3 所示。

表 4-3　　　　　　　　各类居住用地的容积率指标

建筑类别	容积率（%）
独立别墅	0.2～0.5
联排别墅	0.4～0.7
6 层以下多层住宅	0.8～1.2
11 层小高层住宅	1.5～2.0
18 层高层住宅	1.8～2.5
19 层及以上住宅	2.4～2.5

注　1. 住宅小区容积率小于 1 的，为非普通住宅。
　　2. 有控规时以控规中的容积率为准，无控规时可以参照此表。

4.2.2　应用案例

TB 网格位于 KEL 市老城区东部，由 TSQ 路、BH 路、KQ 河、GD 路北侧（总规城区边界）合围区域组成，面积 12.68km²，有效供电面积为 12.25km²。现状主要用地性质为居住用地、商业用地、物流仓储用地，2020 年最大负荷为 75.31MW，负荷密度为 6.15MW/km²。TB 网格电力需求预测采用空间负荷预测法进行远期年负荷预测。

（1）土地利用规划。按照各地块用地性质及建设开发情况进行归类统计，TB 网格面积 12.68km²，除水域道路外，建设用地面积为 10.93km²，其中居住用地 5.38km²，占比为 42.41%，商业金融用地 1.54km²，占比为 12.16%，用地平衡表见表 4-4。

表 4-4　　　　　　　　TB 网格远期年规划用地平衡表

用地性质	用地性质代码	用地面积（m²）	占总建设用地比例（%）
行政办公用地	C1	126 223.372 9	1.00
商业金融用地	C2	1 541 493.406	12.16
文化娱乐用地	C3	43 643.683 6	0.34
体育用地	C4	51 268.930 8	0.40
医疗卫生用地	C5	168 671.016 4	1.33

续表

用地性质	用地性质代码	用地面积（m²）	占总建设用地比例（%）
教育科研用地	C6	79 374.529	0.63
其他公共设施	C9	14 576.786 2	0.11
特殊用地—军事	D	685 036.355 7	5.40
绿地	G1	1 773 947.444	13.99
居住用地	R	5 378 074.243	42.41
道路用地	S1	1 190 013.26	9.38
广场用地	S2	14 117.038	0.11
公共停车场	S3	112 354.030 9	0.89
供应设施用地	U1	81 346.602 4	0.64
环境设施用地	U2	47 558.404 1	0.38
安全设施用地	U3	25 004.697 4	0.20
其他公用设施用地	U9	254 507.569 8	2.01
普通仓储用地	W1	529 375.883 1	4.17
铁路	T1	111 587.092 7	0.88
公路用地	T2	22 017.391 4	0.17
河流水域	E1	430 100.921 9	3.39
总计		1 268 0292.66	100.00

（2）预测所需指标选取。根据城市的发展定位，按 B 类供区标准选取与 TB 网格发展相适应的负荷密度的高、中、低指标。另外综合考虑需用系数、容积率等指标，设置各类负荷指标取值，具体指标选取结果见表 4-5。

表 4-5　　　　　　　　负荷密度指标选取

用地分类	用地代号	需用系数	同时率（地块）	最终建筑负荷指标（W/m²）		
				低方案	中方案	高方案
铁路	T1	0.025	1	2	2	2
行政办公用地	C1	0.65	0.8	35	45	55
商业金融用地	C21	0.85	0.8	50	70	85
商业市场用地	C25、C26	0.85	0.8	15	20	25
文化娱乐用地	C3	0.55	0.9	30	40	50

续表

用地分类	用地代号	需用系数	同时率（地块）	最终建筑负荷指标（W/m²）		
				低方案	中方案	高方案
体育用地	C4	0.4	0.9	15	20	25
医疗卫生用地	C5	0.5	0.9	30	40	50
教育科研用地	C6	0.4	0.8	15	20	25
其他公共设施	C9	0.45	0.9	20	25	30
特殊用地—军事	D	1	1	3	5	8
绿地	G1	1	1	1	1	1
居住用地	R	0.35	0.8	12	15	18
道路用地	S1	0.4	0.8	1	2	3
广场用地	S2	0.4	0.8	1	2	3
公共停车场	S3	0.4	0.8	1	2	3
供应设施用地	U1	1	0.8	30	35	40
环境设施用地	U2	1	0.8	30	35	40
安全设施用地	U3	1	0.8	30	35	40
其他公用设施用地	U9	1	0.8	30	35	40
普通仓储用地	W1	0.1	0.8	5	12	20
铁路	T1	0.5	0.6	1.5	2	2.5
公路用地	T2	0.5	0.6	1.5	2	2.5
河流水域	E1	0	0	0	0	0

主要参照城市总体规划中建设强度分区规划图中提出的各片区建设强度控制标准，同时根据城市发展建设实际选取，老城核心区整体容积率控制在 2.5 左右，建筑密度控制在 30%以下，高度可以在 150m 以下；居住区整体容积率控制在 2.0，建筑密度控制在 30%以下；物流区整体容积率控制在 1.5，建筑密度控制在 40%以下。

（3）空间负荷预测计算方法。空间负荷预测计算公式如下

地块负荷=地块占地面积×容积率×负荷密度指标

单元负荷=Σ 地块负荷×0.8（地块之间同时率选取 0.8）

网格负荷=Σ 单元负荷×0.9（单元之间同时率选取 0.9）

（4）空间负荷预测结果。根据不同用地性质、负荷密度指标、容积率、需用系数的选取结果，结合 TB 网格用地规划情况，利用空间负荷预测法进行饱和年负荷预测。各供电单元负荷预测结果见表 4-6。

表 4-6 饱和年空间负荷预测结果汇总表

序号	单元名称	网格面积（km²）	网格有效面积（km²）	负荷预测结果（MW）			负荷密度（MW/km²）		
				低方案	中方案	高方案	低方案	中方案	高方案
1	XJ-KEL-LC-TB-001-J1/B2	4.73	4.53	28.70	33.76	38.83	6.34	7.45	8.57
2	XJ-KEL-LC-TB-002-J1/B1	3.46	3.31	25.58	30.09	34.61	7.73	9.09	10.46
3	XJ-KEL-LC-TB-003-J1/B1	1.64	1.6	21.70	25.53	29.36	13.56	15.96	18.35
4	XJ-KEL-LC-TB-004-J1/B1	1.17	1.15	16.34	19.22	22.10	14.21	16.71	19.22
5	XJ-KEL-LC-TB-005-J1/B2	1.68	1.66	20.74	24.40	28.06	12.49	14.70	16.90
合计值（考虑同时率为 0.85）		12.68	12.25	96.10	113.05	130.01	7.84	9.23	10.61

根据负荷预测结果，到饱和年 TB 网格最大负荷为 96.10～130.01MW，选取中方案为预测结果，中方案预测结果为 113.05MW，平均负荷密度为 9.23MW/km²，达到 B 类供电区标准。其中 03 单元、04 单元为核心商业区，用户负荷集中，负荷密度达到 A 类供区标准。

4.3 无控规地区饱和负荷预测

4.3.1 方法简介

无控规的供电网格（单元）通常采用户均容量法、人均综合用电量 + T_{max} 法进行饱和负荷预测。

1. 户均容量法

户均容量法属于综合单位指标法的范畴，它是一种"自下而上"的预测方法，用于无控规地区的饱和负荷预测，见表 4−7。

根据配电变压器类型划分，户均容量法应对居民生活用电负荷（公用配电变压器负荷）和生产用电负荷（专用配电变压器负荷）分别预测。

居民生活用电负荷=居民生活户均容量×公用配电变压器综合负载率

生产用电负荷=生产用电户均容量×专用配电变压器综合负载率

表 4−7　　　　　　　　户 均 容 量 选 取 表

分类		居民生活用电负荷预测		生产用电负荷预测	
		居民生活用电户均容量（kVA/户）	公用配电变压器综合负载率（%）	生产用电户均容量（根据产业特点进行选取）（kVA/户）	专用配电变压器综合负载率（%）
非煤改电乡镇	中心镇	4～6	30～40	0～3	40～50
	一般镇	3～5	30～40		40～50
煤改电乡镇	中心镇	6～8	30～40		40～50
	一般镇	5～7	30～40		40～50

2. 人均综合用电量+$T_{\max}$ 法

由于用电量与 GDP 呈正相关，可以根据人均用电量来判断经济发展阶段。研究发现发达国家在进入发达经济阶段后，人均用电量增速减缓，甚至出现负增长，呈现用电饱和的状态，可根据人均综合用电量，结合最大负荷利用小时数进行饱和年负荷预测。

（1）供电网格（单元）的饱和年用电量预测。人均综合用电量法是根据地区常住人口和人均综合用电量来推算地区总的年用电量，可按下式计算

$$W=PD$$

式中　W ——用电量，kWh；

　　　P ——人口，人；

　　　D ——年人均综合用电量，kWh/人。

指标选取可参考 GB 50293《城市电力规划规范》，见表 4−8。

表 4-8　　　　　　　　　　规划人均综合用电量指标表

城市用电水平分类	人均综合用电量 [kWh/（人·a）]	
	现状	规划
用电水平较高城市	4501～6000	8000～10 000
用电水平中上城市	3001～4500	5000～8000
用电水平中等城市	1501～3000	3000～5000
用电水平较低城市	701～1500	1500～3000

　　通过分析研究，我国用电水平较高的城市，多为以石油煤炭、化工、钢铁、原材料加工为主的重工业型、能源型城市。而用电水平较低的城市，多为人口多、经济不发达、能源资源贫乏的城市，或为电能供应条件差的边远山区。但人口多，经济较发达的直辖市、省会城市及地区中心城市的人均综合用电量水平则处于全国的中等或中上等用电水平。

　　（2）供电网格（单元）的饱和年负荷预测。在已知未来年份电量预测值的情况下，可利用最大负荷利用小时数计算该年度的年最大负荷预测值，可按下式计算

$$P_t = W_t / T_{\max}$$

式中　P_t——预测年份 t 的年最大负荷；

　　　W_t——预测年份 t 的年电量；

　　$T_{\max}$——预测年份 t 的年最大负荷利用小时数，可根据历史数据采用外推
　　　　　方法或其他方法得到。

4.3.2　应用案例

　　根据城镇规划，F 网格可分为 F 镇片区、Z 镇片区、J 镇片区、S 乡片区。根据现有规划情况，F 镇镇区及中小工业园区为有控规区域，其余各村为农村用地，暂无控规。针对有控规区域本次项目需求编织采用空间负荷预测法进行远景负荷预测。针对无控规区域集合规划人口，采用人均综合用电量 + $T_{\max}$ 法进行饱和负荷预测。

　　人均综合用电量 + $T_{\max}$ 法。详见 4.3.1。

供电网格（单元）的饱和年用电量预测。详见 4.3.1。

本次规划主要采用人均综合用电量+T_{max} 法进行饱和负荷预测。2019 年全社会用电量为 1.51 亿 kWh，人均用电量为 2524kWh/（人·a），达到用电水平中等城市水平，预计至饱和年 F 网格人均综合用电量在 3000～5000kWh/（人·a）范围内，见表 4-9。

表 4-9　　　　　　　　　规划人均综合用电量指标表

城市用电水平分类	人均综合用电量 [kWh/（人·a）]	
	现状	规划
用电水平较高城市	4501～6000	8000～10 000
用电水平中上城市	3001～4500	5000～8000
用电水平中等城市	1501～3000	3000～5000
用电水平较低城市	701～1500	1500～3000

至远期饱和年 F 镇下辖各村饱和年人口规划如表 4-10 所示，分别取 3000kWh/（人·a）、4000kWh/（人·a）、5000kWh/（人·a）作为电量预测高中低方案。

表 4-10　　　　　　　　F 网格村镇体系等级规划人口

镇区	村名	类型	规划人口（人）
F 镇	F 镇区	城市综合新区	55 000
	A 村	农贸型、旅游型	1000
	B 村	农贸型	600
	C 村	农贸型、旅游型	2000
	D 村	农贸型	1000
	E 村	农贸型	1000
	F 村	农贸型	1000
E 镇	G 区	城市综合新区	25 000
	H 区	城市综合新区	25 000
	I 村	农贸型	800
	J 村	农贸型	800
	K 村	农贸型	800

续表

镇区	村名	类型	规划人口（人）
E 镇	L 村	农贸型	800
	M 村	农贸型	800
	N 村	农贸型	800
J 镇	O 区	城市综合新区	25 000
	P 村	农贸型	600
	Q 村	旅游型	800
	R 村	农贸型	600
	S 村	农贸型	600
	T 村	旅游型	800
S 乡	U 区	城市综合新区	25 000
	V 村	旅游型	800
	W 村	农贸型	600
	X 村	农贸型	600
	Y 村	旅游型	800

2035 年，镇域总人口预计为 20.21 万人，城镇化水平达到 79.57%，农村人口预计为 5.19 万人。预计达到用电水平中上城市水平，人均综合用电量为5000kWh/（人·a），农村综合用电最大利用小时数为 3500h。预计至饱和年 F镇农村地区饱和负荷预计达到 74.14MW，平均负荷密度达到 0.49MW/km²。

4.4 规划水平年电力需求预测方法

4.4.1 方法简介

供电网格（单元）负荷预测通常采用自然增长率+S 形曲线法进行近期负荷预测。可参考以下步骤：

（1）确定最大负荷日。可通过调度自动化 SCADA 系统查询规划区域基准年负荷曲线，得出区域最大负荷，同时记录最大负荷出现的时刻。

（2）统计供电单元现状负荷。对供电单元内 10kV 线路的典型日负荷求和，得到供电单元现状负荷。若 10kV 线路有跨单元供电的现象，可用该条 10kV 线路在本单元内的配变容量占该条线路配变总容量的比例乘以该线路的负荷，估算该条线路在本供电单元内的负荷。

（3）选取自然增长率，计算自然增长部分负荷。采用同样的方法，计算供电单元的历史年负荷，计算其历史年增长率，并结合经济形势变化，选取今后逐年的自然增长率，据此得到自然增长部分的负荷预测值，公式如下

第 N 年供电单元 10kV 最高负荷＝现状年供电单元 10kV 最高负荷×（1＋自然增长率）^{N}

（4）收集负荷增长资料。积极主动、多渠道了解用户报装情况、意向用电情况及当地招商引资、土地开发等经济发展情况，以准确掌握近期负荷变化；分类别（工业、居住等）、分年份统计正式报装容量以及意向用电资料。

（5）采用 S 形曲线法进行逐个新增用户负荷预测，如图 4-3 所示。

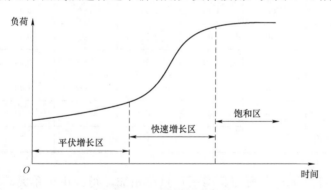

图 4-3　S 形曲线增长趋势

根据用户性质选取典型配电变压器负载率，乘以用户报装容量，得到用户的饱和负荷，之后根据用户建成投产时间，采用 S 形曲线法预测中间年的负荷。

S 形曲线法数学模型如下

$$Y = \frac{1}{1 + A \times e^{(1-t)}}$$

式中　Y——第 t 年的负荷成熟程度系数，即第 t 年最大负荷与稳定负荷的比值；

A——S 形曲线增长系数；

t ——距离现状年的年数。

S 形曲线增长系数 A 值取值，一般工业取 0.25，竣工后第 1 年即增长到远期负荷的 80%。商业取 0.7，竣工后第 2 年增长到远期负荷的 80%。区位好的住宅小区取 2，竣工第 3 年增长到远期负荷的 80%。区位差的住宅小区取 5，竣工后第四年达到远期负荷的 80%，见表 4-11。

表 4-11　　　　　　　　　　　S 形曲线负荷增长曲线

时间 ＼ A 值	0.25	0.7	2	5	14	36
第 1 年	0.80	0.59	0.33	0.17	0.07	0.03
第 2 年	0.92	0.80	0.58	0.35	0.16	0.07
第 3 年	0.97	0.91	0.79	0.60	0.35	0.17
第 4 年	0.99	0.97	0.91	0.80	0.59	0.36
第 5 年	1.00	0.99	0.96	0.92	0.80	0.60
第 6 年	1.00	1.00	0.99	0.97	0.91	0.80
第 7 年	1.00	1.00	1.00	0.99	0.97	0.92
第 8 年	1.00	1.00	1.00	1.00	0.99	0.97
第 9 年	1.00	1.00	1.00	1.00	1.00	0.99
第 10 年	1.00	1.00	1.00	1.00	1.00	1.00
增长到 80% 的年限	1	2	3	4	5	6

（6）将自然增长负荷与新增用户负荷相加，得到供电单元总体负荷预测结果。

4.4.2　应用案例

（1）新增用户负荷预测。表 4-12 为某网格 2020 年新增用户报装情况，该网格新增用户均为工业负荷，A 值为 0.25，考虑配电变压器饱和负载率为 0.8，网格内新增用户各年度负荷见表 4-13。

表 4-12   某网格新增用户报装情况

序号	项目名称	生产简介	申请容量（kVA）
1	KTP 制药	生物制药	2500
2	JT 铜业	金属制品	3200
3	TP 汽车	汽车配件	3200
4	KL 化纤	生物制药	2500
5	FN 新材料	新材料	2500
6	AX 变速箱	汽车配件	4000

表 4-13   某网格新增用户各年度负荷

时间	第 1 年	第 2 年	第 3 年	第 4 年	第 5 年
成熟度 Y（%）	80	92	97	99	100
负荷大小（kW）	11 456	13 114	13 851	14 144	14 255

（2）网格负荷预测。该网格历史年负荷增长情况如表 4-14 所示，经计算该网格 2016～2020 年年均增长率为 5.39%，其中，2018～2020 年期间负荷增长速度减缓。预计"十四五"期间负荷增长速度将有所放缓。

表 4-14   某网格历史年负荷增长情况

年份	2016	2017	2018	2019	2020
负荷大小（MW）	20.14	22.54	23.22	24.11	24.85

同步考虑自然增长率与用户报装情况，负荷增长情况如表 4-15 所示。

表 4-15   某网格"十四五"负荷增长预测

年份	2020	2021	2022	2023	2024	2025
自然增长（%）	24.85	25.87	26.90	27.93	28.96	29.97
用户负荷增长（%）	—	11.46	13.11	13.85	14.14	14.26
合计（%）	24.85	37.32	40.02	41.78	43.10	44.23

4.5 其他预测方法

除上述主要的负荷预测方法外还可以采用一元线性回归法、产值单耗法、电力弹性系数法等方法对规划区域进行总量负荷预测。区别于空间负荷预测法，上述方法仅能对规划区域进行总体负荷预测，不能将负荷预测结果细化至用电地块。在规划过程中可以通过以上方法对预测结果进行校验，确保预测结果合理性。

4.5.1 一元线性回归法

1. 一元线性回归法定义

回归分析法式利用数理统计原理，对大量的统计数据进行数学处理，确定电量与某些自变量建立一个相关性较好的数学模型，即回归方程，并加以外推。

如果两个变量呈现相关趋势，通过一元回归模型将这些分散的、具有相关关系的点之间拟合一条最优曲线，说明具体变动关系。

2. 适用范围

一元线性回归（线性增长趋势预测）法是对时间序列明显趋势部分的描述，因此对推测的未来"时间段"不能太长。对非线性增长趋势的，不宜采用该模型。该方法既可以应用于电量预测，也可以应用于负荷预测，一般用于预测对象变化规律性较强的近期预测。

3. 预测步骤

首先建立历史年用电量折线图，之后对该折线图添加趋势线，趋势线模型可选取线性模型、二次多项式模型、指数模型等。建立模型时，要显示各模型的公式及 R^2 值，选取 R^2 值最大的曲线模型，认为今后电量随该曲线进行变化，即可得出电量预测值。

4. 计算案例

某县历史年电量如表 4-16 所示。

表 4 – 16　　　　　　　　　　某 县 历 史 年 电 量 表

年份	2010	2011	2012	2013	2014	2015	2016	2017
全社会用电量（亿 kWh）	1.58	1.9	1.98	2.2	2.58	2.71	3.00	3.55

建立历史年电量折线图，并分别添加线性模型、二次多项式模型、指数模型等多种回归模型趋势线，如图 4 – 4 所示。

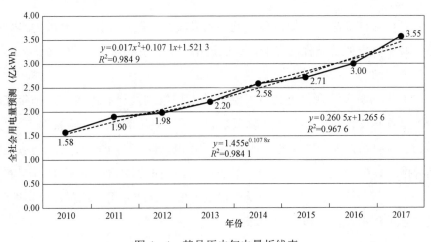

图 4 – 4　某县历史年电量折线表

由图 4 – 4 可知，二次多项式模型的 R^2 值最大，即二次多项式的拟合程度最高，因此，采用二次多项式模型进行电量预测，如表 4 – 17 所示。

表 4 – 17　　　　　　　　某 县 电 量 预 测 结 果

年份	2018	2019	2020	2021	2025
全社会用电量（亿 kWh）	3.86	4.29	4.76	5.25	7.59

4.5.2　产值单耗法

产值单耗法先分别对一、二、三产业进行用电量预测，得到三次产业用电量，对居民生活用电量进行单独预测；然后用三次产业用电量加上居民生活用电量计算得到地区用电量。

1. 产值单耗法定义

每单位国民经济生产总值所消耗的电量称为产值单耗。产业产值单耗法是通过对国民经济三大产业单位产值耗电量进行统计分析，根据经济发展及产业结构调整情况，确定规划期分产业的单位产值耗电量，然后根据国民经济和社会发展规划的指标，计算得到规划期的产业（部门）电量需求预测值。

2. 适用范围

单耗法方法简单，对短期负荷预测效果较好，但计算比较笼统，难以反映经济、政治、气候等条件的影响，一般适用于有单耗指标的产业负荷。

3. 预测步骤

（1）根据负荷预测区间内的社会经济发展规划及已有的规划水平年 GDP 及分产业结构比例预测结果，计算至规划水平年逐年的分产业增加值。

（2）根据分产业历史用电量和分产业的用电单耗，使用某种方法（专家经验、趋势外推或数学方法，如平均增长率法等）预测得到各年份产业的用电单耗。

（3）各年份产业增加值分别乘以相应年份的分产业用电单耗，分别得到各年份产业的用电量，可按下式计算

$$W = kG$$

式中　k——某年某产业产值的用电单耗，kWh/万元；

　　　G——预测水平相应年的 GDP 增加值，万元；

　　　W——预测年的需电量指标，kWh。

（4）分产业的预测电量相加，得到各年份的三产产业用电量，可按下式计算

$$W_{行业} = W_{一产} + W_{二产} + W_{三产}$$

式中　$W_{行业}$——预测年的三大产业用电量，kWh；

　　　$W_{一产}$——预测年的第一产业用电量，kWh；

　　　$W_{二产}$——预测年的第二产业用电量，kWh；

　　　$W_{三产}$——预测年的第三产业用电量，kWh。

（5）居民生活用电量预测。对居民生活用电量进行单独预测，主要的预测方法有人均居民用电量指标法、增长率法、回归法等。以人均居民用电量指标法为例，对居民生活用电量预测过程说明如下：

1）根据城市相关规划中的人口增长速度，预测出规划期各年的总人口，再根据规划的城镇化率，计算出规划期各年的城镇人口和农村人口。

2）根据城市相关规划的城镇和乡村现状及规划年人均可支配收入，分别预测出规划期各年的城镇、乡村人均可支配收入。

3）根据居民人均可支配收入和居民人均用电量进行回归分析，分别得到规划期内各年的城镇、农村人均用电量。

4）通过规划期各年的人均用电量和人口相乘，分别得到规划期各年的城镇、乡村用电量。

5）将城镇、乡村用电量相加，得到规划期内各年的居民用电量。

4. 计算案例

根据某市"十四五"规划，预计到 2025 年该市地区生产总值规划达到 1.7 万亿元，规划人口 1000 万。该市产业结构如下：第一产业占比 2%，第二产业占比 51%，第三产业占比 47%。

根据调研结果该市各类产业及居民生活用电情况如表 4-18 所示，该市 2016 年第一产业实现增加值 304.6 亿元，单位产值能耗为 0.001 51kWh/元；第二产业实现增加值 4239.6 亿元，单位产值能耗为 0.047 97kWh/元；第三产业实现增加值 3996.9 亿元，单位产值能耗为 0.013 90kWh/元。根据该市"十四五"期间重点发展新型工业化与信息化、先进制造业与现代服务业的发展方向，该市第二产业单位产值能耗将逐步下降，预计到 2025 年单位产值能耗将下降至 0.035 00kWh/元。同时预计第一、第二产业单位能耗有所上升预计分别为 0.002 00kWh/元、0.025 0kWh/元。根据该市人均生活用电量发展情况预计到 2025 年人均用电量将达到 2400kWh/人。

表 4-18　　　　　　　　　　某市历史年负荷电量统计情况

年份	全社会最大用电负荷（MW）	全社会用电量（亿 kWh）	三产及居民用电量（亿 kWh）				人均用电量（kWh/人）	人均生活用电量（kWh/人）
			一产	二产	三产	居民		
2005	1846	112.7	0.34	87.91	15.22	9.23	5280.91	432.50
2010	3444.1	186	0.36	144.5	24.98	16.16	8327.74	723.53
2015	4993	276.44	0.45	193.39	50.55	32.05	12 394.42	1462.11
2016	5623	296.45	0.46	203.39	55.55	37.05	12 491.88	1541.56

根据上述信息至 2025 年该市电量计算结果如表 4-19 所示，预计至 2025 年该市第一产用电量为 0.68 亿 kWh，第二产用电量为 303.45 亿 kWh，第三产用电量为 199.75 亿 kWh，居民生活用电量为 240 亿 kWh，全社会用电量为 743.88 亿 kWh。

表 4-19　　　　　　　　某市 2025 年电量预计情况

年份	第一产用电量（亿 kWh）	第二产用电量（亿 kWh）	第三产用电量（亿 kWh）	居民生活用电量（亿 kWh）	全社会用电量（亿 kWh）
2025	0.68	303.45	199.75	240	743.88

4.5.3　电力弹性系数法

1. 电力消费弹性系数的定义

电力消费弹性系数是指一定时期内用电量年均增长率与国民生产总值年均增长率的比值，是反映一定时期内电力发展与国民经济发展适应程度的宏观指标。可按下式计算

$$\eta_t = \frac{W_t}{V_t}$$

式中　η_t——电力弹性系数；

W_t——一定时期内用电量的年均增长速度；

V_t——一定时期内国民生产总值的年均增长速度。

2. 适用范围

由于电力消费弹性系数是一个具有宏观性质的指标，描述一个总的变化趋势，不能反映用电量构成要素的变化情况。电力消费弹性系数受经济调整等外部因素影响大，短期可能出现较大波动，而长期规律性好，适合做较长周期（比如 3~5 年或更长周期）对预测结果的校核或预测时使用。

3. 预测方法及步骤

电力消费弹性系数法是根据历史阶段电力弹性系数的变化规律，预测今后一段时期的电力需求的方法。该方法可以预测全社会用电量，也可以预测分产业的用电量（分产业弹性系数法）。主要步骤如下：

（1）以历史数据为基础，使用某种方法（增长率法、回归分析法等）预测

或确定未来一段时期的电力弹性系数 η_t。

（2）根据政府部门未来一段时期的国民生产总值的年均增长率预测值与电力消费弹性系数，推算出第 n 年的用电量，可按下式计算

$$W_n = W_0 \times (1 + V_t \eta_t)^n$$

式中 W_0——计算期初期的用电量，kWh；

W_n——计算期末期的用电量，kWh。

4. 计算案例

根据历年某市政府年度工作报告，2016～2018 年期间某市地区生产总值年均增速为 10.44%，同时全社会用电量增速为 6.92%，电力弹性系数为 0.66。根据《某市城乡总体规划（2015～2030）》，到 2030 年某市地区生产总值规划达到 1600 亿元，年均增长率为 7.16%。综合考虑 2019～2025 年某市国民生产总值的年均增长速度应在 7%～10%间，本次弹性系数法计算结果如表 4-20 所示。

表 4-20　　　　　　　　　弹性系数法预测用电量结果表

	年份	2018	2019	2020	2021	2022	2023	2024	2025
预测电量值（亿 kWh）	国民生产总值增速 7%	33.6	35.05	36.64	38.31	40.05	41.87	43.78	45.77
	国民生产总值增速 8%	33.6	35.05	36.87	38.79	40.81	42.93	45.16	47.51
	国民生产总值增速 9%	33.6	35.05	37.1	39.27	41.57	44	46.57	49.29

第5章

网格单元制建设改造实践

5.1 网架结构选择

5.1.1 总体思路

目标网架构建需要基于网格化建设分区体系逐级展开，不同层级目标网架构建工作任务不同，基于网格化的目标网架构建框架建议如下：

（1）供电分区层级。指在地市或县域内部，高压配电网网架结构完整、供电范围相对独立、中压配电网联系较为紧密的规划区域，一般用于高压配电网布点规划和网架规划。

（2）供电网格层级。在供电分区划分基础上，与地方国土空间规划、控制性规划、详细规划、用地规划等规划相衔接，具有一定数量高压配电网供电电源、中压配电网供电范围明确的独立区域，一般用于中压配电网主干网架规划。

（3）供电单元层级。在供电网格划分基础上，结合城市用地功能定位，综合考虑用地属性、负荷密度、供电特性等因素划分的若干相对独立的单元，一般用于规划配电变压器布点、分支网络、用户和分布式电源接入。

5.1.2 构建原则

根据电网建设与发展需求，对推荐目标网架接线方式予以整合、简化，并提出典型接线方式选择标准。对于目标网架接线方式选择可遵循统一标准、完善存量、规范增量、经济适用四个方面原则，具体如下。

（1）统一标准：明确各类接线方式结构、设备配置、规模控制及运行方式等标准，以典型接线方式为标准，以标准接线覆盖率为指标，推进网架结构优化，同一区域（网格）规范至同一种接线方式。

（2）完善存量：对于现状发展成熟地区配电网目标网架接线方式选择以适应性为基础，接线方式选择考虑可操作性，对存量电网以沿用现有接线方式，优化与规范为主。

（3）规范增量：对于增量配电网接线方式选择考虑区域建设发展需求，以投资界面为选择基础，同时确保后续建设能够按照标准化典型接线方式予以推进。

（4）经济适用：对于接线方式选择可考虑建设过程中的合理过渡与建设改造经济性。

5.1.3　构建流程

供电单元是目标网架构建的最小单位，供电网格目标网架由供电单元目标网架组合而成，供电分区目标网架由供电网格目标网架组合而成，供电单元的目标网架构建流程见图 5-1。

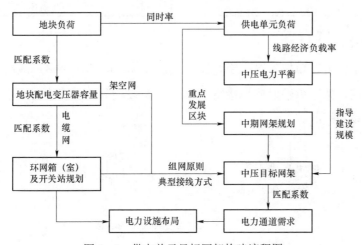

图 5-1　供电单元目标网架构建流程图

一般地，在进行供电单元划分时，目标网架已同步构建完成。但供电单元划分阶段形成的目标网架较粗糙，需要进一步细化。

以各地块负荷预测为基础，通过配变负载率这一匹配系数可确定地块所需配电变压器容量，结合各地块的配电变压器容量需求，可进行环网箱（室）及开关站的布点规划。结合同时率的选取，可得出供电单元负荷预测，考虑一定的线路经济负载率，结合各种供电模式的供电能力，可进行线路规模需求测算，再结合廊道资源情况、环网箱（室）及开关站布点规划、中压组网原则等进行目标网架构建。

5.1.4 目标网架选择

依据 Q/GDW 10738—2020，中压网架接线方式有 5 种，其中架空网包括单辐射、多分段适度联络和多分段单联络 3 种；电缆网包括单环网和双环网，各类供电区域中压配电网结构推荐见表 5-1。

表 5-1 各类供电区域中压配电网结构推荐

线路型号	供电区域类型	目标电网结构
电缆网	A+、A、B	双环式、单环式
	C	单环式
架空网	A+、A、B、C	多分段适度联络、多分段单联络
	D	多分段单联络、多分段单辐射
	E	多分段单辐射

1. 架空网

（1）单辐射。单辐射是由变电站母线出线，不同其他线路形成联络的放射式供电结构，架空单辐射典型接线示意见图 5-2。单辐射接线适用于农村地区及电网建设初期区域。

图 5-2 架空单辐射典型接线示意

（2）架空多分段单联络接线。架空多分段单联络是通过一个联络开关，将来自不同变电站的中压母线或相同变电站不同中压母线的两条馈线连接起来。架空多分段单联络典型接线示意见图 5-3。单联络接线模式适用于县城区及农村重要用户区域。

图5-3　架空多分段单联络典型接线示意

（3）架空多分段两联络接线。架空多分段适度联络结构是通过2个联络开关，将一条中压线路与来自不同变电站或相同变电站不同母线的其他两条中压线路联络，任何一个区段故障，均可通过联络开关将非故障段负荷转供到相邻线路，线路分段点的设置需要随网络接线及负荷变动进行相应调整。架空多分段两联络典型接线示意见图5-4。两联络接线适用于城市区域及县城核心区。

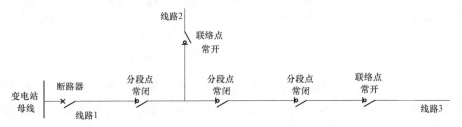

图5-4　架空多分段两联络典型接线示意

（4）架空多分段三联络接线。架空多分段适度联络结构是通过3个联络开关，将一条中压线路与来自不同变电站或相同变电站不同母线的其他三条中压线路联络，任何一个区段故障，均可通过联络开关将非故障段负荷转供到相邻线路，线路分段点的设置需要随网络接线及负荷变动进行相应调整。架空多分段三联络典型接线示意见图5-5。三联络适用于城市区域及县城核心区。

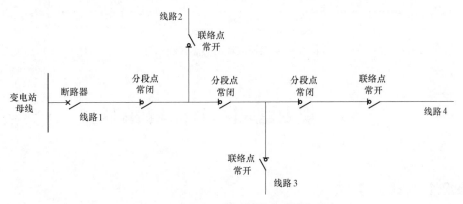

图5-5　架空多分段三联络典型接线示意

2．电缆网

（1）电缆单环网接线。电缆单环网是一般由变电站不同主变压器低压侧分别馈出 1 回中压电缆线路，经由若干环网室（箱）后形成单环结构作为主干网，两回线路可优先来自不同的高压电源，不具备条件时尽可能地来自不同的中压母线；配电室由环网室（箱）出线供电，采用辐射式和单环网形成次级网络，与主干网共同构成电缆单环网。电缆单环网典型接线示意见图 5-6。电缆单环网适用于城市区域、县城核心区及景观要求较高区域。

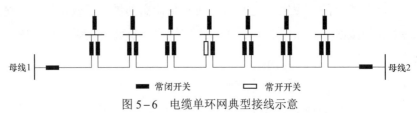

图 5-6　电缆单环网典型接线示意

（2）电缆双环网接线。电缆双环网是由 2 座及以上变电站不同主变压器的中压侧分别馈出 2 回中压电缆线路，经由若干开关站、环网室（箱）后分别形成两个并列单环构成主干网，配电室由环网室（箱）出线供电，采用辐射式和单环网形成次级网络，与主干网共同构成电缆双环网。电缆双环网典型接线示意见图 5-7。电缆双环网适用于城市核心区及双电源用户较多区域。

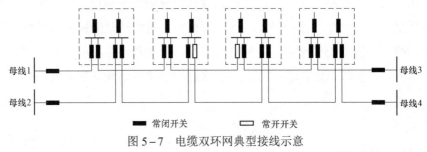

图 5-7　电缆双环网典型接线示意

5.2　规划建成区目标网架编制

5.2.1　思路与方法

规划建成区现状电网已经趋于完善，区域内电力通道及供电力设备建设改造的空间资源较少，大范围的施工改造可行性较低，电力需求发展基本稳定，因此目标网架构建需要充分考虑电网现状因素，不能过于理想化，需要以现状电网为依托、通过单元制理念的应用由下至上开展建设改造工作。同时，规划建成区中广泛存在着城中村、棚户区、老城区改造等相关需求，在规划工程中可以将上述区域作为规划建设区处理，结合区域控制性详细对改造区域进行负荷预测、电力设施布局及目标网架规划等相关工作。

建成区目标网架编制应主要根据现状电网问题，针对现有问题，按供电单元为单位进行建设改造，形成标准接线，达成目标网架。老城区配电网网架结构优化避免大拆大建，应在与上级电网发展相协调背景下，以技术原则为约束性条件，充分融合各方面关联因素，充分应用网格化的规划理念，结合问题严重程度与设备寿命周期，率先推进老城区非标电缆网的改造工作，从而实现"改造一片、成熟一片、固化一片"的建设效果。具体做法如下：

1. 明确供区

按照网格化、单元化理念明确网格、单元、变电站以及接线组的供电范围，对于跨网格、跨单元供电的线路，供电范围交叉、跨越的接线组进行标注，先结合现有变电站、线路供区与布局以及网格单元的划分，把区域按照接线组的供电能力切块，明确具体区域供电线路与联络方式，为后续切改方案做准备。明确合理的典型接线供电范围过程中要充分尊重现状情况，切勿大拆大建。

2. 强化主干

接线供电区域明确的基础上开展主干强化工作，强化的方式分为三个步骤：

（1）路径的明确，按照典型接线标注通过对现状实际情况、道路通道情况、区域建设发展等方面因素的综合考虑，明确主供线路的主干线路路径。

（2）对于主干线路进行装备水平提升，规范导线截面消除卡脖子问题，对于主干线与分支线严格按照差异化标准进行设备选择，对沿线环网箱（室）设备进行排查与规范，消除电缆分支箱接入主干线路的情况。

（3）提升主干线路自动化水平，按照配电自动化建设原则，对主干线沿线开关设备、环网箱（室）进行自动化改造，提升主干线自动化水平与故障隔离能力。

3. 规范分支

规范分支的工作应首先明确主干、分支的层级关系，所有用户均应通过分支线路/环网箱（室）接入主干线，对于直接挂接在主干线路上的配变及电缆分支箱，需考虑进行剥离，分支线路不宜超过 3 级，分支开关应采用断路器或一二次融合开关，确保分支或用户故障不影响主干线运行。

其次是规范分支线路供电范围与结构，原则上分支线路以主干线供电区域为供电边界呈辐射状结构，对于跨主干线供电区域的分支线路，结合电网实际情况进行切割，对于形成的分支环网进行解环，实现电网结构清晰、范围明确。

4. 合理分段

在强化主干线的基础上，针对现有环网节点容量不均衡、无明确控制标注以及大量设备直接 T 接在主干线的现象，进行线路分段容量以及配变接入数量优化，合理设置主干环网节点。

合理分段的过程是对目前部分主干环网上大量电缆分支箱（无法装设自动化设备）单独 T 接配变台区的、T 接接入环网箱室的，通过合理加装分段开关、将环网箱环入主干环、将电缆分支箱退至次级网络。

5. 差异供电

对政府（人大、党校等）、医院及中高考保电的学校等重要用户，需考虑双路电源供电，供电电源尽可能来自不同高压变电站，如只有一个上级电源点的情况下，确保两路电源来自不同母线段，应建议用户根据自身情况考虑高压或低压备自投装置，同时预留移动发电车街口，必要时应设置自备发电机。

5.2.2 典型案例

下面以 DF 供电网格为例开展目标网架规划。

1. 网格概况及负荷发展情况

DF 供电网格（编号 SC–CD–JJ–DF）是位于 JJ 区城市核心区，由 SNHN 路、EH 路东四段、J 江、QLS 街、JLBH 路围合而成，供电面积为 4.75km^2，划分图见图 5–8。该网格区域已基本发展成熟，现状主要用地性质为商贸、办公和居住，2019 年最大负荷为 93.17MW，负荷密度为 19.61MW/km^2，主供电源点为 220kV C 变电站和 110kV B 变电站、A 变电站、F 变电站和 H 变电站。该网格划分为 3 个单元，划分表见表 5–2。

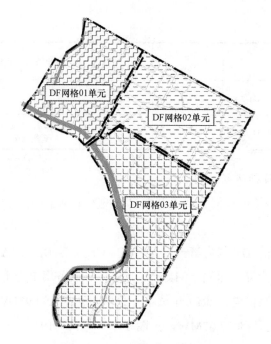

图5-8 DF网格单元划分图

表5-2 DF 网 格 单 元 划 分 表

供电单元	供电单元名称	供电区域类型	单元边界	单元面积（km²）
SC-CD-JJ-DF-001-D1/A1	DF网格001单元	A	QLS街、JLBH路、SNHN路、YH路东四段	1.13
SC-CD-JJ-DF-002-D1/A1	DF网格002单元	A	SNHN路、EH路东四段、HJX路、YH路东四段	1.43
SC-CD-JJ-DF-003-D1/A1	DF网格003单元	A	HJZ路、J江、EH路东四段	2.19

到目标年，结合城市控制性详细规划（城市总体规划），网格内主要用地性质为商贸、居住用地，预测负荷达到124.58MW，负荷密度达到26.23MW/km²，见表5-3。

表5-3 目标年DF网格单元划分表

供电单元	饱和年负荷（MW）	有效供电面积（km²）	饱和供电变电站	饱和用地性质
SC-CD-JJ-DF-001-D1/A1	37.67	1.13	B变电站、C变电站、A变电站	居住、商业

续表

供电单元	饱和年负荷（MW）	有效供电面积（km²）	饱和供电变电站	饱和用地性质
SC－CD－JJ－DF－002－D1/A1	39.02	1.43	B变电站、A变电站、D变电站	居住、商业
SC－CD－JJ－DF－003－D1/A1	47.89	2.19	A变电站、H变电站、F变电站	居住、商业

2. 供电单元目标网架编制

各供电单元按照现状问题清单开展目标网架编制工作，以01单元为例开展相关工作。

（1）单元概况。DF网格第一单元（SC－CD－JJ－DF－01A）以SG路、EH路、TB街、S河为界，面积1.31km²，以居住、商务用电为主。目前该单元内由11条10kV线路供电，2019年该单元最大负荷为29.09MW，预计目标年该单元内最大负荷将达到37.67MW，见图5－9和图5－10。

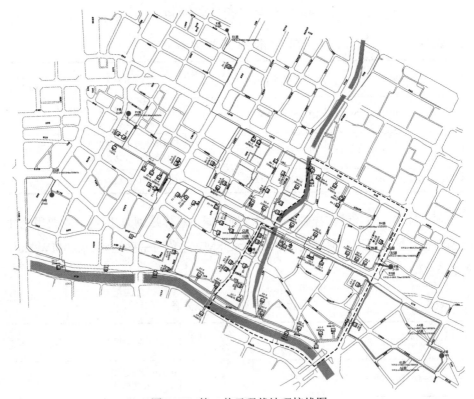

图5－9　第一单元现状地理接线图

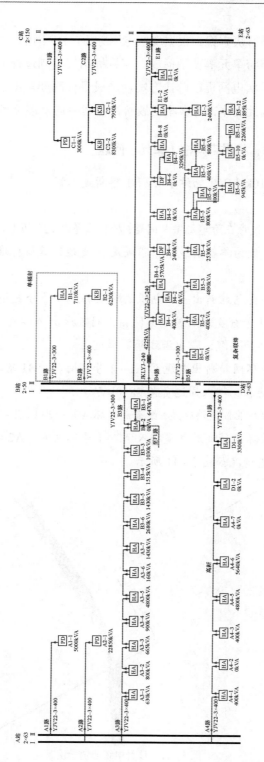

图 5-10 第一单元现状拓扑图

（2）典型问题解决方案。根据现状电网分析，DF 网格主要存在辐射线路、线路重过载、线路跨单元等典型问题。在目标网架编制过程中应通过对典型问题的分析，结合现状电网提出解决方案，形成目标网架。由于工程建设中通常兼顾多项问题，因此在本部分典型问题解决方案中通常涉及多个问题。

典型问题 1：跨供电网格（单元）问题

工程名称： 110kV B 变电站 10kV B1 路新建工程

问题判断：

（1）10kV A1 线存在跨单元供电问题；挂接容量超过 2 万 kVA，挂接容量超标。

（2）10kV A2 线为单辐射线路，不满足 A 类地区建设标准。

工程说明：

（1）110kV B 变电站新出一回电缆线路至 A1-4 号分支箱。

（2）将 A1-4 号分支箱改造成环网箱，同时撤出 A1-6 号分支箱至 A1-5 号与 A1-8 号环网箱电缆，腾出沿线两孔通道。

（3）A1-3 号环网箱新出电缆至 A1-2 号环网箱，B1 路与 A1 路联络点设置在 A1-2 号环网箱，接入周边负荷 2850kVA。

（4）结合蓉上坊北侧地块改造，配套新建环网箱一座（A2-2 号），环入 A1 路。

（5）A2-2 号环网箱新放电缆接入 A2-1 号环网室，A2 线退运。

项目电缆通道情况如图 5-11 所示。

图 5-11 项目电缆通道情况

可行性分析:

(1)经与现状管沟情况比对,目前线路沿线现有 3×4 电力排管,剩余 2 孔,同时通过现有工程会同步新、扩建 4×4 电力排管,项目可实施。

(2)A1-3 号环网箱,A1-2 号环网箱均使用原有间隔,不占用新间隔,项目可实施。

建设成效:项目完成后,B1 路与 A1 路组成一组单环网,供电区域为 DF 路南侧地块;消除了 A1 路跨网格供电情况,解决了 A2 路单辐射问题。

建设规模:共新建 ZA-YJV22-8.7/15-3×400mm^2 电缆 1.19km,新建环网箱 1 座。新建柱上变一台。

项目投资:331.32 万元。

实施年份:2021 年。

110kV B 变电站 10kV B1 路新建工程项目实施前后地理接线示意图见图 5-12 和图 5-14,项目实施前后拓扑图见图 5-13 和图 5-15。

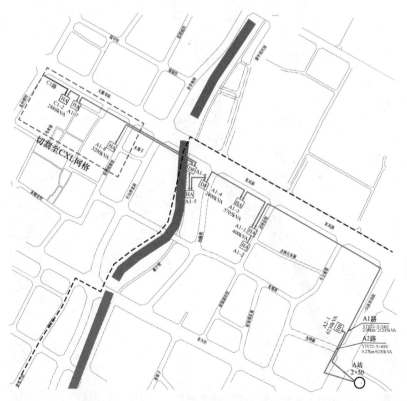

图 5-12　110kV B 变电站 10kV B1 路新建工程项目实施前地理接线示意图

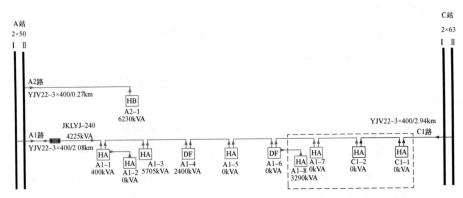

图 5-13　110kV B 变电站 10kV B1 路新建工程项目实施前拓扑图

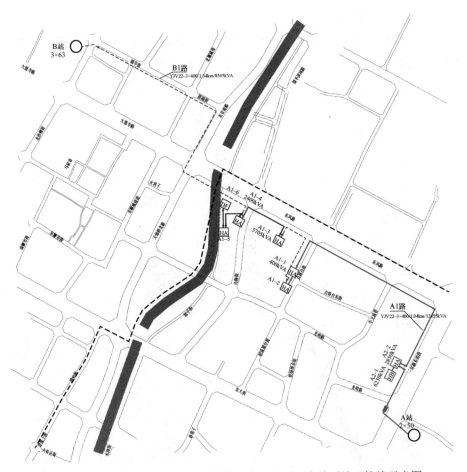

图 5-14　110kV B 变电站 10kV B1 路新建工程项目实施后地理接线示意图

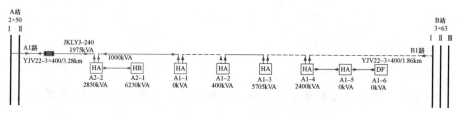

图5-15 110kV B变电站10kV B1路新建工程项目实施后拓扑图

典型问题2：线路重过载

工程名称： 10kV C1路改造工程

问题判断：

（1）10kV C1路存在跨单元供电问题；2019年最大负荷5.46MW，最大负载率79.05%，处于重载运行水平。

（2）10kV A1路为单辐射线路，供电可靠性较差，不满足A类地区建设标准。

（3）10kV B1路为单辐射线路，2018年、2019年最大负载率均小于10%，处于轻载运行水平。

工程说明：

（1）10kV B1路负荷轻，将B1-1号配电室就近接入C1-2号环网箱，将C1-2号环网箱至C1-3号环网箱线路从C1-2号环网箱撤出；将C1路府河以西负荷接入空出的B1路，并与A2路组成一组单环网。

（2）新建环网箱A1-2号，并环入A1路，从A1-2号环网箱新出一回电缆至C1-2号环网箱与C1路组成一组单环网。

可行性分析：

（1）该项目通道均为利旧，无新占通道情况。

（2）C1-2号环网箱新接入2条电缆间隔均使用原辙出线路间隔，无新占间隔。

建设成效： 项目完成后，C1路与A1路组成一组单环网，B1路与A2路组成一组单环网，解决了A1路、B1路单辐射问题，解决了C1路重载、B1路轻载的问题，消除了跨单元供电问题。

建设规模： 共新建 ZA-YJV22-8.7/15-3×300mm² 电缆0.53km，新建环网

箱 1 座。

　　项目投资：98.61 万元。

　　实施年份：2022 年。

　　10kV C1 路改造工程项目实施前后地理接线示意图见图 5-16 和图 5-18。
项目实施前后拓扑图见图 5-17 和图 5-19。

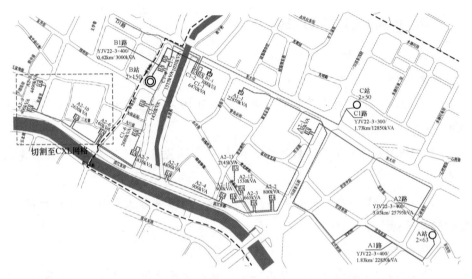

图 5-16　10kV C1 路改造工程项目实施前地理接线示意图

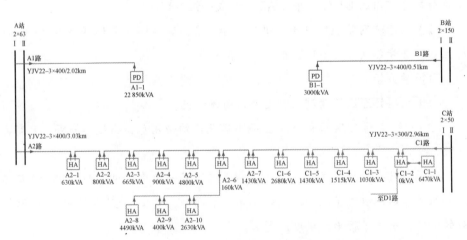

图 5-17　10kV C1 路改造工程项目实施前拓扑图

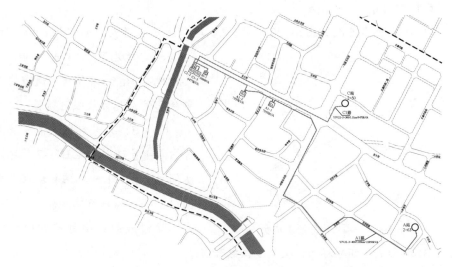

图 5-18　10kV C1 路改造工程项目实施后地理接线示意图

图 5-19　10kV C1 路改造工程项目实施后拓扑图

 典型问题 3：辐射线路

工程名称： 10kV B1 路改造工程

问题判断：

10kV B1 路、C2 路均为单辐射线路，供电可靠性较差，不满足 A 类地区建设标准。

工程说明：

（1）从 10kV B1 路 B1-1 号环网室间隔新出一回电缆至 A1-1 号环网箱与 C1 路组成一组单环网。

（2）将原 A2-1 号、A2-2 号环网箱环入 A1 路，A2-2 号环网箱割接 A1 路周边分支线路，优化供电区域。

可行性分析：

（1）现状管沟情况如图5-20所示，现线路南侧有4×4电力排管及1m×1.5m沟道，过街现有3×4电力排管，北侧现有1m×1m沟道，通道均有剩余孔位，具备较强可行性。

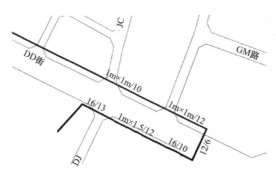

图5-20 项目电缆通道情况

（2）B1-1号环网室间隔使用原B1-1号环网室至B1-2号环网室间隔，B1-1号环网箱现在备用间隔2个，项目可实施。

建设成效：项目完成后，A1路与B1路形成1组单环网，提高了供电可靠性。

建设规模：共新建ZA-YJV22-8.7/15-3×400mm² 电缆0.60km。

项目投资：63.82万元

实施年份：2022年。

10kV B1路改造工程项目实施前后地理接线示意图见图5-21和图5-23，项目实施前后拓扑图见图5-22和图5-24。

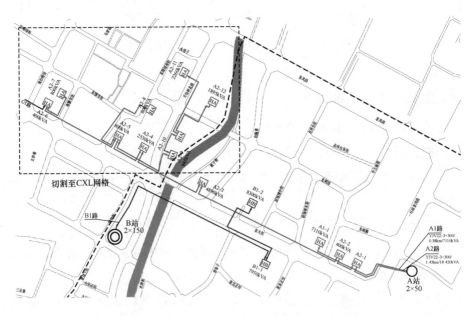

图5-21 10kV B1路改造工程项目实施前地理接线图

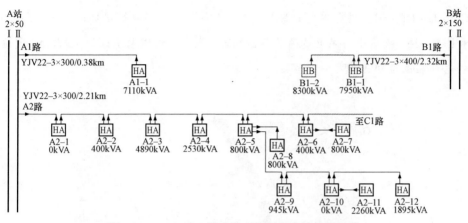

图 5-22　10kV B1 路改造工程项目实施前拓扑图

图 5-23　10kV B1 路改造工程项目实施后地理接线

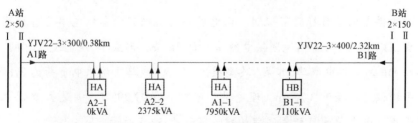

图 5-24　10kV B1 路改造工程项目实施后拓扑图

（3）单元目标网架规划。通过对现状电网逐项问题的解决最终形成了 SC-CD-JJ-DF-01A 供电单元的目标网架，共计形成 6 组电缆单环网，见图 5-25 和图 5-26。线路平均供电负荷为 3.24MW，线路平均供电半径为 1.27km，理论供电可靠性为 99.999%。

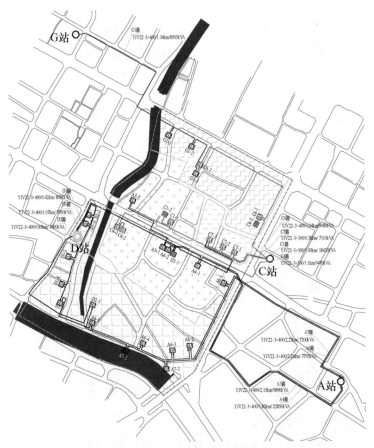

图 5-25　SC-CD-JJ-DF-01A 单元目标网架地理示意图

（4）供电网格目标网架规划。供电网格目标网架由各供电单元目标网架组合形成，以 DF 网格为例规划供电线路共计 38 条，形成 19 组电缆单环网接线。目标年 DF 网格供电线路 38 条，典型接线 19 组，线路平均供电负荷为 3.11MW/条，平均供电半径为 3.28km，理论供电可靠率为 99.998%，满足 A 类供电区可靠性需求。各个单元目标年网架构建情况如表 5-4 所示。

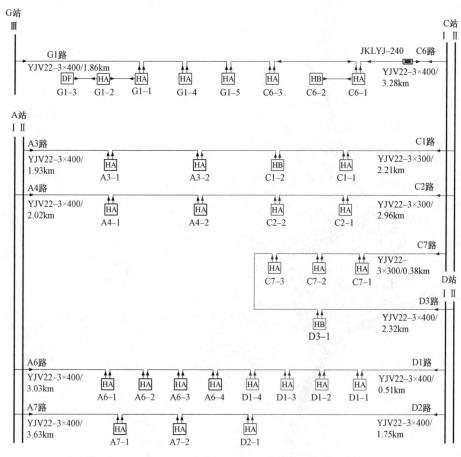

图 5-26 SC-CD-JJ-DF-01A 单元目标网架拓扑图

表 5-4 DF 网格目标网架构建结果汇总表

序号	单元名称	最大负荷（MW）	负荷密度（MW/km²）	供电线路（条）	典型接线（组）	平均供电半径（km）	理论供电可靠率（%）
1	SC-CD-JJ-DF-01-0D1/A1	38.82	34.35	12	6	1.27	99.999
2	SC-CD-JJ-DF-002-D1/A1	41.5	29.23	12	6	1.32	99.999
3	SC-CD-JJ-DF-003-D1/A1	50.08	22.87	14	7	1.84	99.998
	DF 网格（同时率 0.9）	118.29	24.9	38	18	1.5	99.998

DF 网格目标年地理接线示意图与拓扑图如图 5-27 和图 5-28 所示。

< 101 >

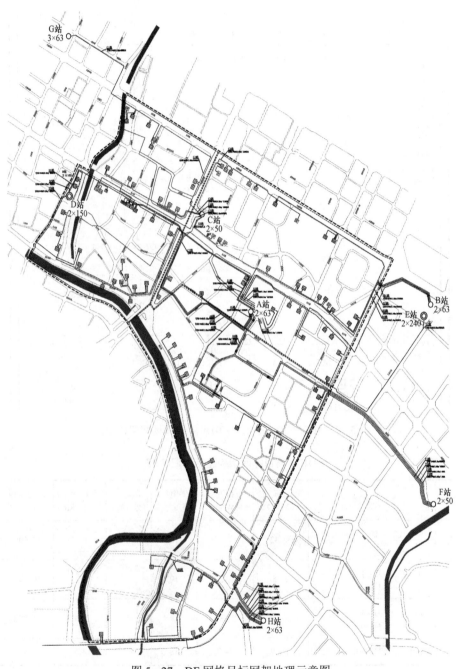

图 5-27　DF 网格目标网架地理示意图

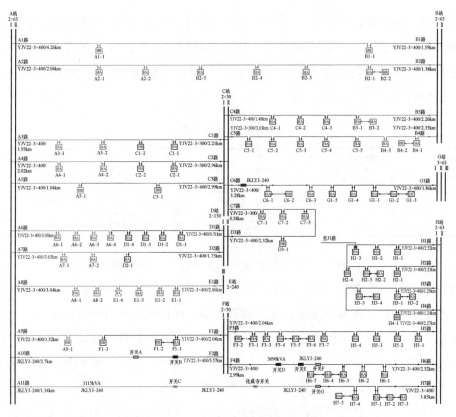

图 5-28 DF 网格目标网架拓扑图

5.3 规划建设区目标网架编制

5.3.1 思路与方法

规划建设区属于在开发、在建设区域，现状电网对目标网架影响较小，且通道资源、设施空间资源充裕。针对规划建设区域目标网架构建应着眼于适应地区发展定位与发展规划的需求，以空间负荷预测为基础，全面推广单元制理念，利用其约束性由上至下逐级构建。

（1）开展空间负荷预测：首先对接政府规划部门，收集城市总体规划及区域控制性详细规划，收资清单见表 5-5。利用城市总体规划明确区域定位于发展方向,通过调研同类型、同定位城市各类负荷密度指标进行指标选取。依据区域控制性详细规划明确规划区域各地块用地性质、开发强度等相关指标进行空间负荷预测。根据空间负荷预测结果,自供电单元向上逐级开展目标网架规划。

表 5-5 政府部门对接收资清单

序号	收资内容	主要用途
1	城市总体规划	预测城市负荷总量,匡算高压电网规模
2	区域控制性详细规划	预测规划区域负荷,落实道路情况、电力设施布局等详细信息
3	区域招商引资情况	了解区域近期用户保障情况,对近期负荷进行修正

(2)目标网架编制:在供电单元层级以地区控制性详细规划为基础,在供电单元内合理设置环网室、配电室等配电设施布局。以主网电源布点、城市总体规划为指导,依据目标接线方式选择方案,在供电单元内搭建规范统一中压配电主干网架,满足供电可靠性同时提高建设运行经济性。在构建网架时应根据地区控制性详细规划中道路交通规划选取主要联络通道,并根据规划结果形成电力廊道规划,进一步完善控制性详细规划。

(3)变电站优化布局:在供电网格层级,考虑多个供电单元组成一个供电网格,完成该网格目标网架构建,以供电网格为单位对各供电网格目标网架进行优化与整合,形成结构规范、配置统一、运行高效的区域中压配电网目标网架。在供电分区层级,对各供电网格规划结果进行统计向上调整优化供电分区内高压变电站布局规划。

(4)电力设施布局规划:根据各地块内环网室、配电室等配电设施布局,电力廊道规划及变电站优化方案形成电力设施布局规划,将相关结果与政府各部门对接,完善区域控制性详细规划,确保目标网架规划可行性。

5.3.2 典型案例

规划建设区目标网架编制应以空间负荷预测结果为依据开展,本书以 BH 网格 01 单元作为案例说明规划建设区目标网架构建的方法与实践。BH 网格面积约 13.56km²,其中城镇建设用地 11.79km²。BH 网格内土地开发以二类居住用地、公共管理与公共服务设施用地、商业用地为主,规划区内还拥有绿地、广场和交通设施用地。

1. 空间负荷预测结果

结合网格内道路情况及变电站布局情况，将 BH 网格划分为 5 个单元，BH 网格单元划分情况如图 5-29 所示。

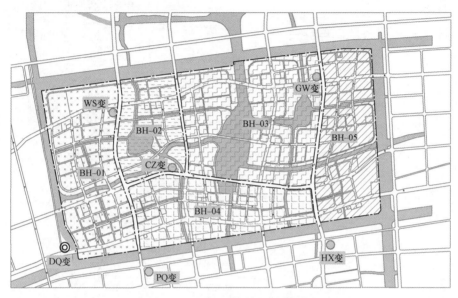

图 5-29　BH 网格单元划分结果

依据空间负荷预测方法，对 BH 网格开展负荷预测，预计远景年 BH 网格负荷将达到 249.55MW，负荷密度 18.40MW/km²，其中 01 单元负荷将达到 60.72MW，负荷密度 26.99MW/km²，达到 A 类供区标准，BH 网格各供电单元远期负荷预测结果见表 5-6。

表 5-6　　　　　　　　BH 网格各供电单元远景负荷预测结果

供电单元编号	面积（km²）	用地性质	远期负荷（MW）	负荷密度（MW/km²）
BH-01	2.25	居住、商业	60.72	26.99
BH-02	1.93	居住、行政	31.55	16.35
BH-03	4.79	居住、商业	63.34	13.22
BH-04	2.72	商业、工业	47.06	17.30
BH-05	1.87	居住、工业	46.88	25.07
合计（同时率选取 0.9）	13.56	居住、商业	249.55	18.40

BH 网格 01 单元远期空间负荷分布情况见图 5-30。

图 5-30   BH 网格 01 单元远期空间负荷分布情况

2. 典型接线选取

BH 网格内规划均采用电缆双环网的建设形式。

3. 目标网架构建

目标网架构建依据远期空间负荷预测、变电站布局和典型接线选取结果，依次开展配电变压器、环网箱和中压线路布局，从而构建目标网架。

（1）配电变压器及环网箱布局。按照居住用地配电变压器负载率 40%、其他用地配电变压器 50% 测算，BH 网格 01 单元配电变压器容量总需求约 122MVA。按照典型接线组供电能力、分段和串接环网箱情况，对单一分段或环网箱挂接配电变压器容量进行测算，结果见表 5-7。每一环网箱挂接配电变压器容量约 4MVA。

表 5-7 　　　　　　单一分段或环网箱挂接配电变压器容量测算结果

接线组	电缆双环网
接线组安全供电能力（MW）	16
接线组分段或串接环网箱（段、座）	8～12
单一分段或环网箱供电能力（MW）	1.5～2.0
单一分段或环网箱挂接配变容量（MVA）	3.0～4.0

依据上述测算结果，至远期年 BH 网格 01 单元需要 32 座环网箱，具体情况见图 5-31。

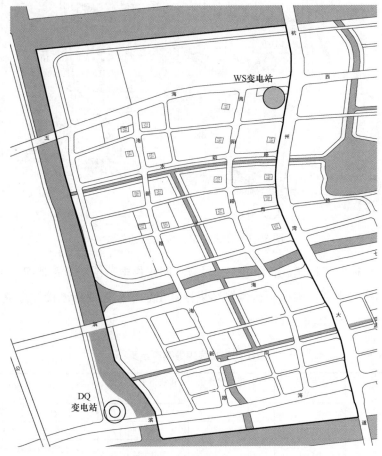

图 5-31　环网站布点图

（2）上级电源需求及间隔分配。BH 网格远期年负荷 262.55MW，按照电网容载比 1.6 估算，需变电容量 420MVA，按照变电站终期 3×50MVA 考虑，BH

网格至少需要 3 座变电站向其供电。结合现有变电站布点情况，本次规划考虑由 6 座变电站向 BH 网格供电，分别为 220kV DQ 变电站，110kV WS 变电站、CZ 变电站、GW 变电站、HX 变电站、PQ 变电站，其中以 CZ 变电站为主供变电站，DQ 变电站、PQ 变电站、HX 变电站、WS 变电站、GW 变电站为备供变电站，支撑目标网架构建，BH 网格上级电源点布局及构建目标网架示意见图 5－32。

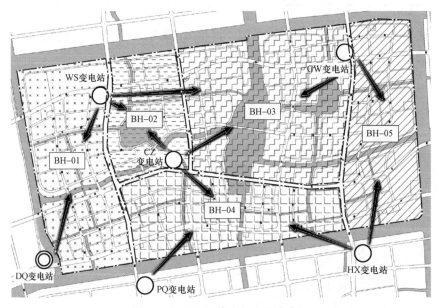

图 5－32　BH 网格上级电源点布局

（3）目标网架构建。结合单一分段或环网箱供电范围和道路情况，开展 BH 网格目标网架规划，根据负荷预测结果推算出各单元需要标准接线组数量及上级电源点见表 5－8。

表 5－8　　　　　　　　　BH 网格接线组数测算结果

供电单元编号	远期负荷（MW）	预计接线组数量（组）	接线组平均负荷（MW）	上级电源点
BH－01	60.72	4	15.18	WS 变电站、DQ 变电站
BH－02	31.55	2	15.78	WS 变电站、CZ 变电站
BH－03	63.34	4	15.84	CZ 变电站、GW 变电站、WS 变电站
BH－04	47.06	3	15.69	CZ 变电站、PQ 变电站、HX 变电站
BH－05	46.88	3	15.63	GW 变电站、HX 变电站
合计	249.55	16	15.60	

以01单元为例，BH网格01单元10kV目标网架构建结果地理接线示意见图5-33。BH网格01单元远期年由16条10kV线路供电，其中WS变电站出线8条、DQ变电站出线8条。

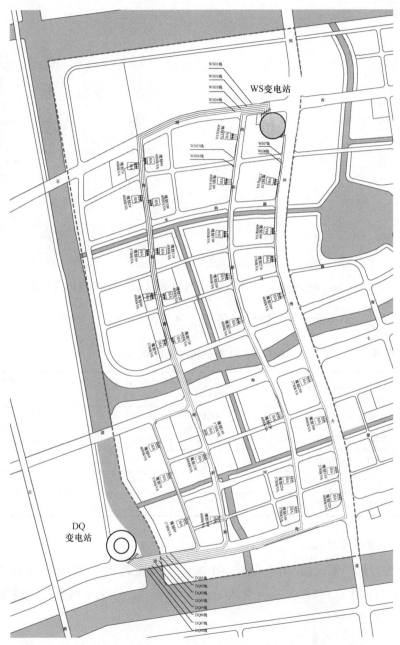

图5-33 BH网格01单元10kV目标网架构建结果地理接线示意图

单元内规划 16 条 10kV 线路组成电缆双环网 4 组，BH 网格 01 单元 10kV 目标网架构建结果拓扑结构示意图见图 5-34。

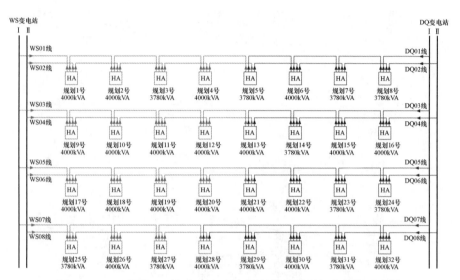

图 5-34 BH 网格 01 单元 10kV 目标网架构建结果拓扑结构示意图

BH 网格 01 单元各标准接线组负荷情况见表 5-9。

表 5-9 BH 网格 01 单元接线组负荷情况

序号	接线组名称	接线组负荷（MW）	环网箱数量（个）	单一环网箱平均接入负荷（MW）
1	WS01、02 线&DQ01、02 线	15.37	8	1.92
2	WS03、04 线&DQ03、04 线	15.38	8	1.92
3	WS05、06 线&DQ05、06 线	15.35	8	1.92
4	WS07、08 线&DQ07、08 线	14.62	8	1.83
5	BH-01 单元接线组平均	15.18	8	1.90

4. 电缆排管建设

依据目标网架规划，BH 网格 01 单元内电缆排管 7.77km，其中 24 孔 0.46km、18 孔 0.13km、16 孔 2.05km、8 孔 5.13km。BH 网格电缆通道建设示意图见图 5-35。

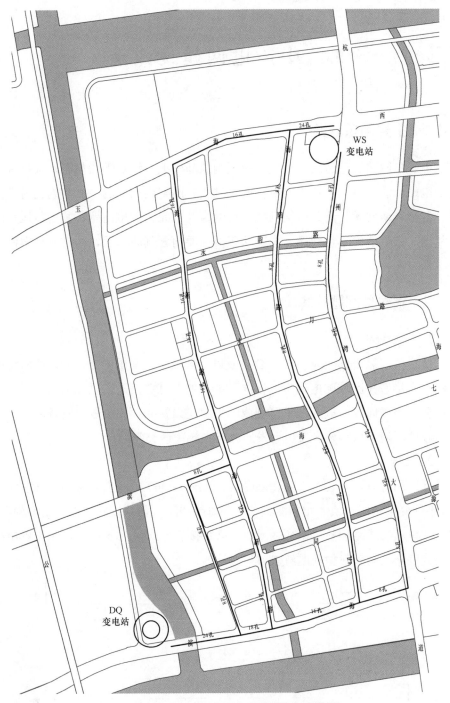

图 5-35 BH 网格中压电力通道布局示意图

5.4 中压电网建设改造

5.4.1 主要问题分类

中压电网建设改造应在近期负荷预测的基础上，针对现状问题，根据区域内变电站、线路资源，逐步向目标网架过渡。网架结构问题主要分为辐射型问题、复杂联络问题、无效联络问题、跨网格（单元）供电问题、装备与运行水平问题、供电能力不足问题。本节从各类主要问题判断入手，结合典型案例论述改造方法。

5.4.2 辐射型问题的解决

1. 问题判断

线路单辐射问题一般存在于 C 类及以上区域中压配电网中，未形成联络的线路不满足所在区域配电网定位标准、用户供电可靠性需求以及配电网灵活运行需要。该类问题一般存在于区域或配电网建设初期，该阶段电网资源较少、负荷较低，随着城市建设及电网发展应首先解决该类问题。

2. 改造方法

采用原有单辐射线路之间建立联络（见图 5−36）或者新建馈线与其联络方式（不同变电站线路或者相同变电站不同母线线路），解决现状线路单辐射问题，将现状单辐射线路调整至单环网或者单联络接线方式。图 5−37 所示为以电缆线路为例开展的辐射型问题解决典型方法。

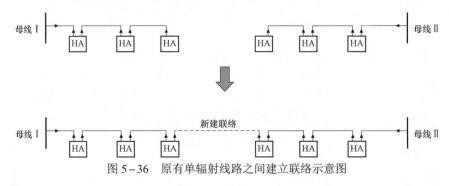

图 5−36 原有单辐射线路之间建立联络示意图

< 112 >

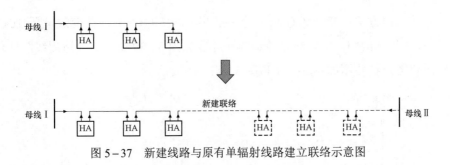

图 5−37　新建线路与原有单辐射线路建立联络示意图

3. 典型案例

如图 5−38 所示，SY01 线处于 B 类供电区域，为单辐射线路，不满足目标网架要求，线路供电可靠性较差。

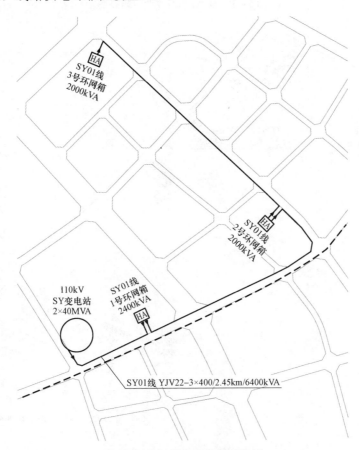

图 5−38　辐射线路地理示意图

本次计划通过另一变电站新出一条线路与 SY01 线联络，形成一组电缆单环网。

具体工程方案：220kV QW 变电站新出 10kV QW03 线往南敷设至 10kV SY01 线 3 号环网箱。辐射线路改造前拓扑图如图 5-39 所示。改造后线路地理接线示意图及拓扑图如图 5-40 和图 5-41 所示。

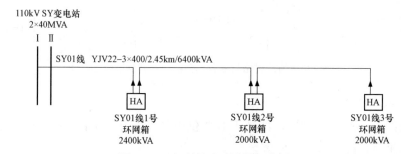

图 5-39　辐射线路改造前拓扑图

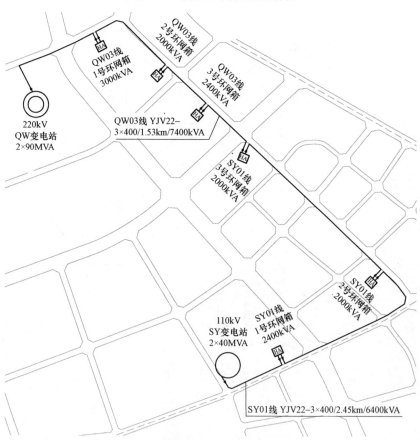

图 5-40　辐射线路改造后地理接线示意图

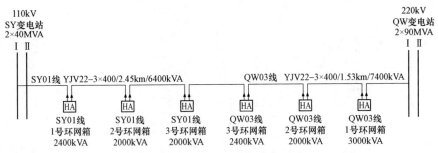

图 5-41　辐射线路改造后拓扑图

5.4.3　复杂联络问题的解决

1. 问题判断

复杂联络主要存在于城市建成区内，造成网架结构复杂的主要为以下 2 种情况：

（1）不同电缆单（双）环网间存在联络。该情况主要存在于老城区，在配电网建设过程中联络搭接随意，造成典型接线与典型接线间联络冗余、复杂。如图 5-42、图 5-43 所示 JY287 线、HD253 线、HJ866 线、HM876 线为双环网结构。ZM244 线在 11 号与 12 号环网箱有与该双环网有联络，GA234 线在 9 号环网箱、10 号环网箱与该双环网有联络，造成线路联络关系复杂。

（2）架空线路联络数大于 3。如图 5-44、图 5-45 所示 AD379 线、AD374 线、AD384 线等 7 条线路相互联络形成一张网，联络关系复杂。

2. 改造方法

对于复杂的电缆网络结构，过渡初期将主要环网柜调整形成主联络环网点，其他环网柜作为次要联络环网点暂时不做调整。后期随着区域内各目标环逐步成型，对次要联络环网点逐步进行解环以形成标准单环网或双环网。

充分利用现有的配电网资源、廊道，尽可能少改动线路路径。在地理条件受限的情况下，后续新建环网柜可作为终端接入主干环网柜，不必一定环入主环。

现有的多分段多联络架空线路随着区域市政规划的推进逐步改入地，调整为单环网结构。区域内架空电缆混合线路需结合区内架空改入地项目进行网架的再优化，调整为单环网或双环网结构。

复杂电缆网解环示意图见图 5-46。

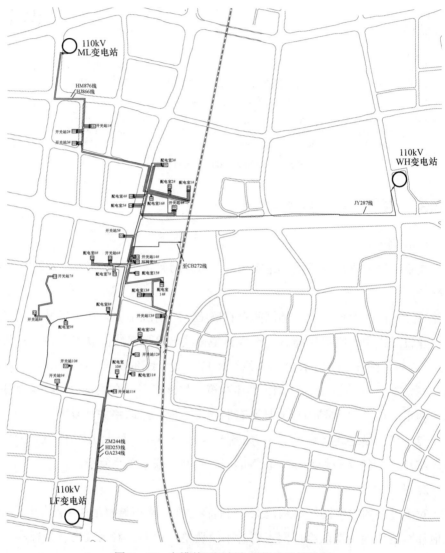

图 5-42 电缆单环网复杂联络地理接线图

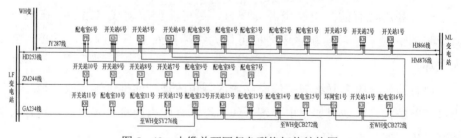

图 5-43 电缆单环网复杂联络拓扑结构图

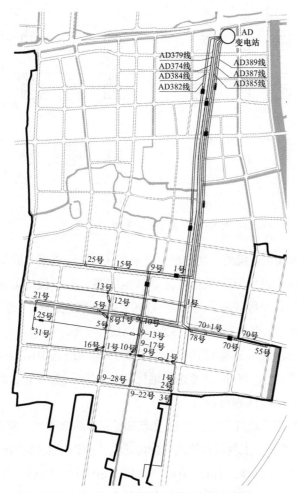

图 5-44 架空线路复杂联络地理接线图

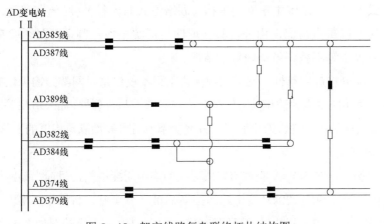

图 5-45 架空线路复杂联络拓扑结构图

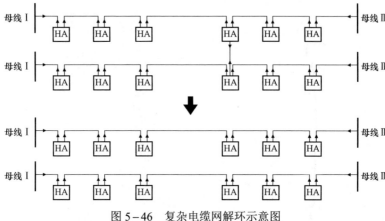

图 5-46　复杂电缆网解环示意图

在网架结构优化方案的规划过程中，本书认为关注重点应放在以下几个方面：

（1）规模适配性。判断供电电源、供电线路、典型接线数量与其供电负荷的匹配程度，根据一般经验，目标年 110kV 电网容载比应控制在 1.6～1.8，单条 10kV 线路平均供电负荷控制在 3.5～4.5MW 为宜。

（2）结构标准化。方案设计应按照典型接线全覆盖的标准区判别目标网架接线方式合理性，但同时需要考虑其地区特点，对于主环节点数量不统一、主干路径迂回等情况要区别对待。

（3）工程时序合理性。分析建设改造工程安排的合理性，复杂网架优化改造往往牵一发而动全身，工程项目提出时应考虑其工程时序安排的合理性，相互关联项目应是否安排在同一时间窗口予以，做到改造一片、成熟一片、固化一片。

（4）建设经济性。对比现状电网与目标网架的变化情况，对于大量主环节点新建或改造、大范围主干网架重构（联络方式与路径）、局部高密度通道需求等情况应予以重点考虑，由分析其合理性与可实施性，判别其是否存在大拆大建、重复投资等不投资效益较低的情况。

（5）配套措施完整性。网架结构优化工程不仅仅是对网架结构优化的工作，方案编制时还应重点关注相关方案配套措施完整性与合理性，如改造相关电缆通道需求以及实施的可行性，双电源用户方案实施前后可靠性满足程度的变化等。

3. 典型案例

本案例为选定为某 A 类城市建成区某网格中压配电网，目前为该网格供电的高压变电站涉及两座 220kV 变电站和三座 110kV 变电站，目标年网格内中压线路共计 23 条，接线方式以电缆单环网和多联络方式为主，具体情况如图 5-47 所示。

图 5-47　改造前拓扑结构

网架结构优化规划过程中，网格考虑以电缆单环网接线方式为主，其他单元网架已经实现典型接线，但红色标识单元结构非标情况突出。本次案例主要针对该单元电网结构优化进行展示。其主要存有以下几方面问题：

（1）五条线路相互联络，形成复杂接线，目标接线方式不满足该区域电缆单环网接线要求。

（2）高后 3 号、高后 4 号、嘉福花园等装接容量较大的环网箱、室并未在主干线路中，存有大分支问题，主干线路退运后故障影响范围广。

（3）相互联络的两条线路间，同时存有多个不同分段间联络，冗余联络多，自动化实施较为困难。

（4）围里 915 线等线路为站内自环、干线路径迂回，前端通道故障后段用户面临全停风险。

针对上述问题，结合前文提及的优化策略进行网架结构优化。

本次案例优化采用"明确供区、强化主干、合理分段、规范分支、差异推进"的工作流程，具体过程如下。

（1）明确供区。结合该网格中压配电网现状电源布局、线路供电范围情况，在供电网格内部进一步优化供电单元，形成相对独立的供电区域，具体划分结果如图 5-48 所示。

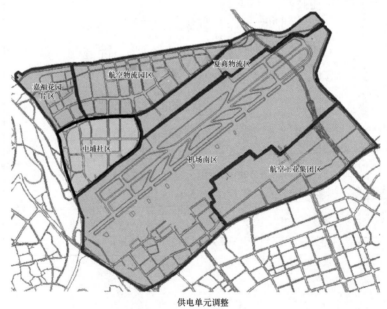

供电单元调整

图 5-48　供电区域明确（一）

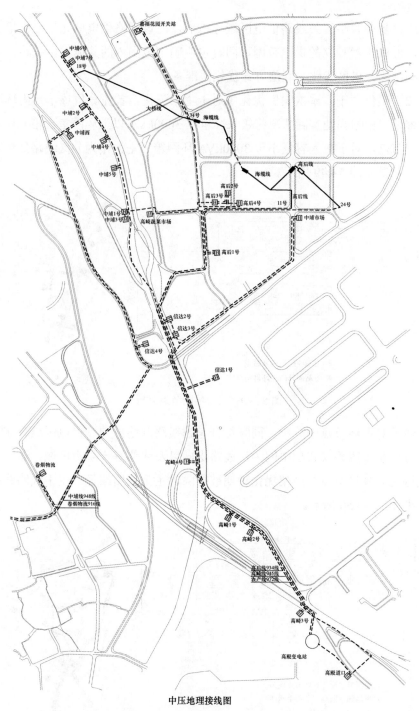

中压地理接线图

图 5-48　供电区域明确（二）

通过复杂联络五条线路供电区域分析后，对该网格供电单元划分结果进行优化，形成相对独立的供电范围，同时也明确该范围内的其他供电线路，为后续结构优化、供区优化、联络方式优化做准备。

（2）强化主干。本次案例优化中对于主干强化，首先分析该单元内环网箱室的容量，根据当地实际情况将接入容量在 3000kVA 以上环网室（箱）作为主干环网节点，对于接入容量小于 3000kVA 环网箱（室）作为分支线路处理，具体划分结果如图 5-49 所示。

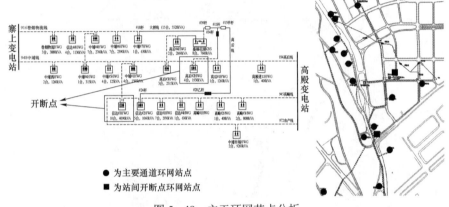

图 5-49　主干环网节点分析

通过对主环节点的分析，同时综合考虑线路联络方向、供电区域分布等因素，可以初步明确现状配电网主干线路走向以及线路基本供电区域，通过上述手段避免大容量节点在网架优化初期被排除出主干线路路径。主干线路路径分析结果如图 5-50 所示。

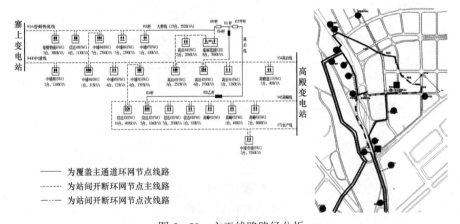

图 5-50　主干线路路径分析

（3）规范分支。根据主干线路路径分析的相关结果，结合供电用户可靠性需求，考虑运行方式便捷、自动化实施等因素，对相关联络进行区分，明确主干联络和分支联络，原则上主干联络予以保留，分支联络逐步解除，并规范分支接线方式，具体分析结果如图 5-51 所示。

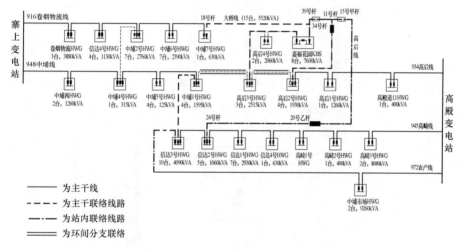

图 5-51　主干联络与分支联络辨识

（4）合理分段。按照容量对主干环网箱室进行分析后，主干线各个环网接线容量控制较为合理，无单台配变支接在主干线情况，接入容量较小的环网箱（室）作为支线处理，不环入主干环，确保主干环网节点数量控制在合理范围内。

（5）差异推进。结合上述分析结果，按照典型接线标准对网架结构进行优化，考虑本案例单元局部后续随着机场搬迁会进行重新建设开发，因此其网架结构优化方案分为两个阶段进行，第一阶段为满足近期负荷发展需求，初步形成供区与结构相对独立的目标网架，第二阶段为结合负荷发展、新用户接入等，形成最终目标网架。

第一阶段网架结构优化方案结果如图 5-52 所示。

第二阶段网架结构优化方案结果如图 5-53 所示。

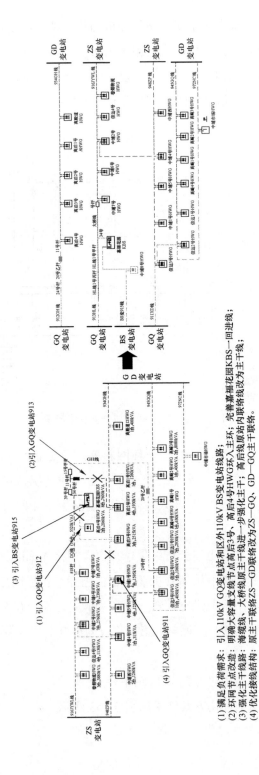

图 5-52　第一阶段网架结构优化

(1) 满足负荷需求：引入110kV GQ变电站和区外110kV BS变电站线路；
(2) 环网节点改造：明确大容量支线节点高后3号、高后4号HWG环入主环；完善嘉福花园KBS一回进线；
(3) 强化主干线路：海缆线、大桥线主干线进一步强化主干；高后线原主干线路改为主干线；
(4) 优化接线结构：原主干联络ZS—GD联络改为ZS—GQ、GD—GQ主干联络。

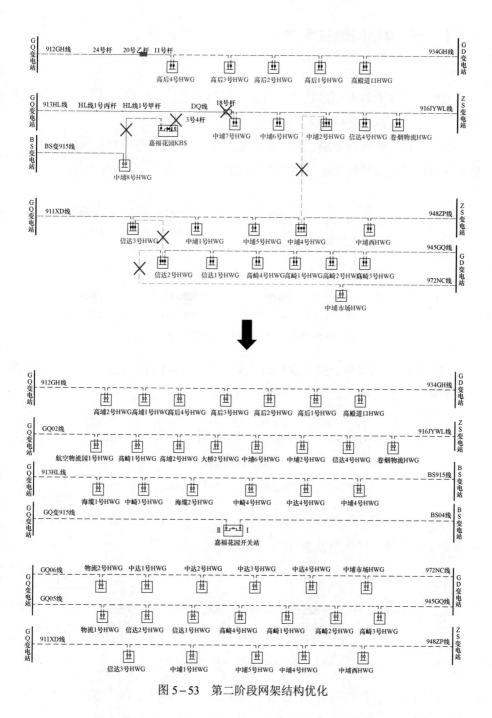

图5-53 第二阶段网架结构优化

5.4.4 无效联络问题的解决

1. 问题判断

无效联络主要为电网建设中未考虑目标网架建设，联络搭建随意造成的网架结构问题。造成线路联络无效的主要为以下 5 种情况：

（1）线路仅有首端联络，具体情况见图 5-54。当线路仅有首端联络时，线路其余分段发生故障时无法有效进行负荷转供。

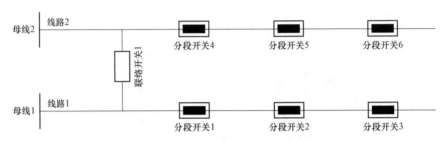

图 5-54　线路仅有首端联络示意图

（2）联络线截面小于主干线截面（卡脖子），具体情况见图 5-55。该类联络在负荷转移时易发生负荷转移困难的问题。

图 5-55　联络线截面小于主干线截面示意图

（3）架空线路同杆联络，具体情况见图 5-56。该类联络在一条线路发生故障时由于抢修另一调线路需要陪停，无法实现负荷转移。

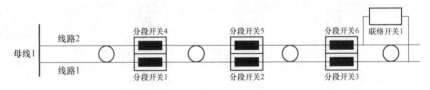

图 5-56　架空线路同杆联络示意图

（4）B 类以上区域同母线联络，具体情况见图 5-57。该类联络无法在变电站检修时进行负荷转移，不能满足 B 类以上区域供电可靠性需求。

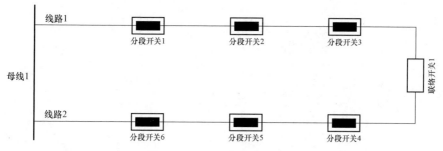

图 5-57 同母线联络示意图

（5）同分段联络，具体情况见图 5-58。该类联络在发生故障时仅能使用一个联络，为冗余联络。

图 5-58 同分段线联络示意图

以上情况造成线路联络无效，浪费电网建设资源。

2. 改造方法

无效联络包括线路首端联络、联络线截面小于主干线截面（卡脖子）、架空线路同杆联络、同母线联络等。其中卡脖子、同母线联络问题分别可以通过主干线路改造、出线间隔调换解决，较易实现。首段联络、架空线路同杆联络主要为联络选取不合理，应根据目标网架结合现有配电网、电力通道资源重构网架。

3. 典型案例

如图 5-59 所示为无效联络改造前地理接线示意图，A1 路与 B1 路均为首端联络，当线路后端发生故障时，无法有效转供负荷，供电可靠性较差，不满足 A 类地区建设标准。无效联络改造前拓扑图见图 5-60。项目电缆通道情况见图 5-61。

根据现场踏勘现状电力通道，可通过该路径重新构建联络。具体工程方案如下：将 A1-7 号分支箱、B1-3 号分支箱和 B1-4 号分支箱更换为环网箱，从 B1-5 号环网箱新建电缆至 A1-8 号环网箱，使 A1 路与 B1 路形成联络。

无效联络改造后地理接线示意图和拓扑图见图 5-62 和图 5-63。

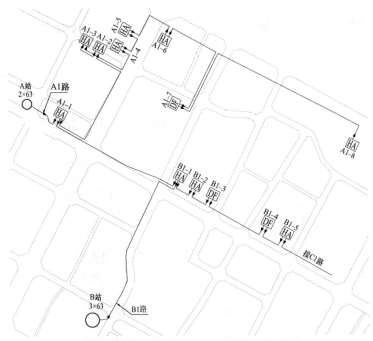

图 5-59　无效联络改造前地理接线示意图

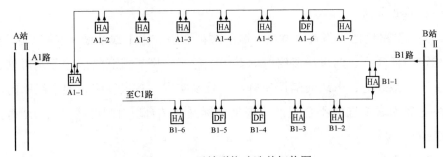

图 5-60　无效联络改造前拓扑图

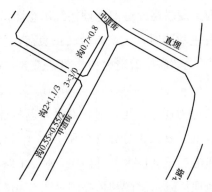

图 5-61　项目电缆通道情况

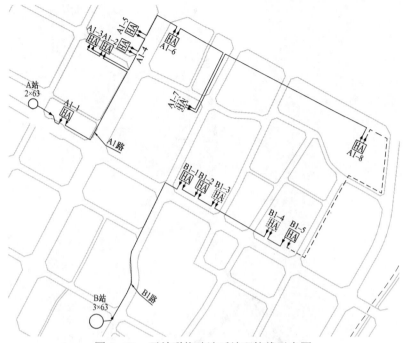

图 5-62　无效联络改造后地理接线示意图

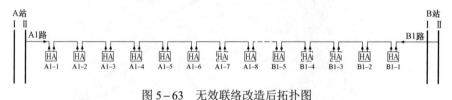

图 5-63　无效联络改造后拓扑图

5.4.5　跨网格、跨单元问题的解决

1. 问题判断

跨网格、跨单元问题主要存在于未开展网格化单元制规划的区域，主要问题表现为线路供电负荷跨域供电网格、供电单元边界。

2. 改造方法

跨供电网格、供电单元供电线路应按照目标网架结合现有变电站、线路资源进行负荷切割，构建标准接线。

3. 典型案例

如图 5-64 所示，B1 路与 A1 路形成联络，均为跨网格联络，应根据现有通道情况重构联络。跨网格线路改造前拓扑图见图 5-65。

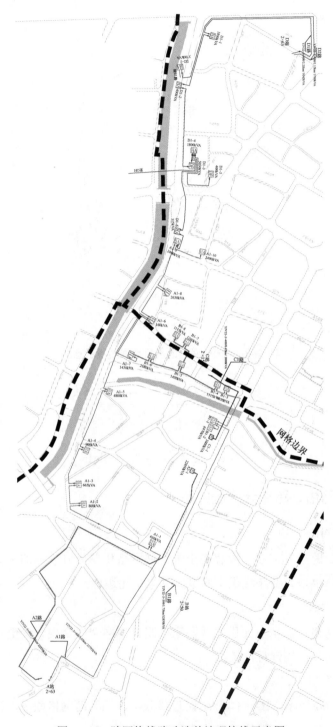

图 5-64　跨网格线路改造前地理接线示意图

< 130 >

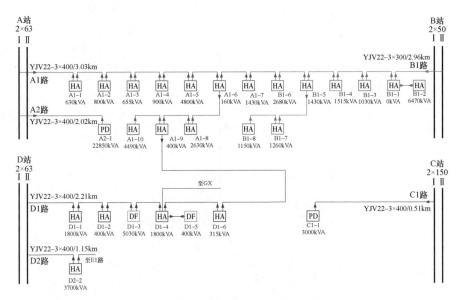

图 5-65　跨网格线路改造前拓扑图

具体工程方案如下：

（1）将 D2-1 号环网箱从 D2 路撤出，将 D2-2 号环网箱至 E1 路线缆改接至 D1-2 号环网箱，撤出 D1-1 号环网箱至 D1-2 号环网箱线缆改接至 D2-1 号环网箱。

（2）由 C 站 C2 路沿 QLS 街敷设电缆接入 B1-7 号环网箱，再由 B1-8 号环网箱敷设电缆，接入 A1-6 号环网箱。撤出 B1-5 号环网箱与 B1-7 号环网箱之间电缆。撤出 A1-5 号环网箱与 A1-7 号环网箱至 A1-6 号环网箱线缆。使 C2 路与 D1 路形成一组联络。

（3）将 C1 路 C1-1 号配电室就近接入 B1 路 B1-1 号环网箱，撤出 B1 路 B1-3 号～B1-1 号环网箱线缆，将 B1-3 号环网箱改接入 C1 路。连接 A1-5 号环网箱与 A1-7 号环网箱。使 C1 路与 A1 路形成一组联络。

（4）将 A2 路 A2-1 号配电室改建为 A2-1 号环网箱，并敷设线缆接入 B1-1 号环网箱，使 B1 路与 A2 路形成一组联络。

跨网格线路改造后地理接线示意图和拓扑图见图 5-66 和图 5-67。

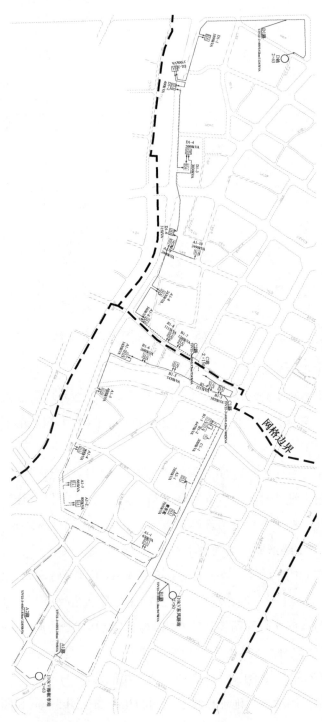

图 5-66 跨网格线路改造后地理接线示意图

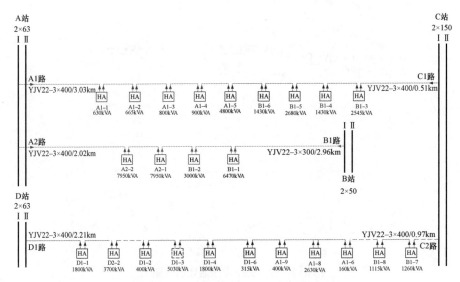

图 5-67 跨网格线路改造后拓扑图

5.4.6 装备水平提升

1. 问题分析

装备型问题主要为 D 类及以上区域配电网主要问题，该问题主要为联络线截面小于主干线截面（卡脖子）。装备型问题主要存在于老旧设备，随着城市建设及电网发展完善网架结构，对原有的老旧设备进行升级改造，满足供电需求。

2. 改造方法

针对装备水平类问题主要按照典设要求选取对应设备进行更换。如图 5-68 所示为以架空线路为例开展的装备型问题解决典型方法。

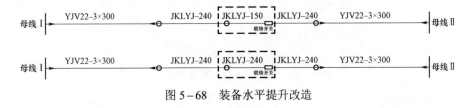

图 5-68 装备水平提升改造

3. 典型案例

如图 5-69 所示，110kV QY 线 1～25 号杆线径为 LGT-120 与 26～37 号杆的 JKLYJ-240，线路供电存在卡脖子问题，本次计划对 10kV QY 线 1～25 号杆进行线径更换，解决此问题。

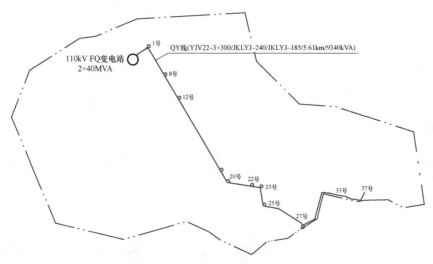

图 5-69 更换线路地理示意图

具体工程方案如下：将 10kV QY 线 1～25 号杆线路更换为 JKLYJ-240 线路。改造后线路地理接线图及拓扑图如图 5-70、图 5-71 所示。

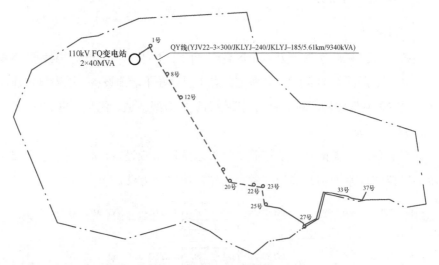

图 5-70 更换线路改造后地理接线图

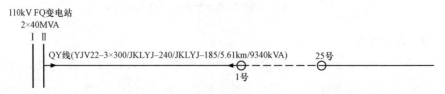

图 5-71 更换线路改造后拓扑图

5.4.7 适应区域负荷发展

1. 问题分析

适应区域负荷发展主要为新增用户报装、用户负荷增长造成的线路接入困难，表现为线路负载率接近或超过70%。

2. 改造方法

采用原有重过载线路与轻载线路之间建立联络或者新建馈线与其联络方式，解决现状线路重过载问题，将现状重过载线路调整至新的接线组。

3. 典型案例

如图5-72所示，10kV A2路为重载线路，不满足网格化建设要求；挂接容量超过2万kVA，挂接容量超标。计划通过变电站新出线路形成一组电缆单环网。

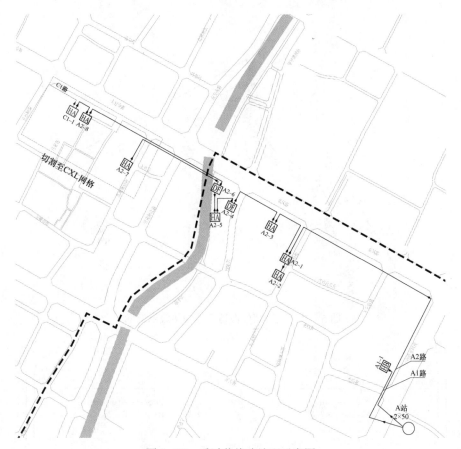

图5-72 重过载线路地理示意图

具体工程方案如下：110kV B 站新出一回电缆线路至 B1-1 号分支箱，将 B1-1 号分支箱改造成环网箱，同时撤出 A2-6 号分支箱至 A2-7 号环网箱间电缆，腾出两孔通道；将 B5 号环网箱新出电缆至 A2-3 号环网箱，B1 路与 A2 路联络点设置在 A2-3 号环网箱。结合北侧地块改造，配套新建环网箱一座（A2-1 号），环入 A2 路；A2-1 号环网箱新放电缆接入 A2-2 号环网室，A1 路退运；断开支线 1 号环网室至支线 2 号配电室电缆，支线 2 号配电室接入 A2-1 号环网箱。

重过载线改造后地理接线示意图和拓扑图见图 5-73 和图 5-74。

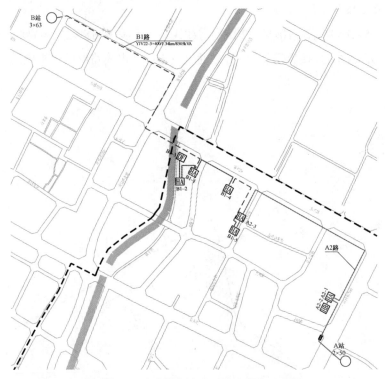

图 5-73 重过载线改造后地理接线示意图

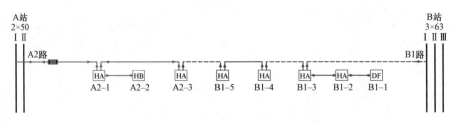

图 5-74 重过载线改造后拓扑图

5.5 低压电网改造

5.5.1 主要问题分类

低压电网建设改造应从配变装备水平、运行情况、低压供电线路情况等现状问题入手进行针对改造。低压电网问题主要分为配电变压器重过载、台区低电压、用户低电压、配电变压器三相不平衡、低压供电半径较长等问题。此处从各类主要问题判断入手，结合典型案例论述改造方法。

5.5.2 装备水平提升

1. 问题分析

低压电网装备问题主要可分为配电变压器问题及低压线路问题两类。其中配电变压器问题主要为配电变压器老旧隐患、高损配电变压器等问题，低压线路问题主要为低压线径较小、供电半径超标、线路老旧等问题。

2. 改造方法

针对装备水平类问题主要按照《国家电网有限公司配电网工程典型设计》要求选取对应设备进行更换。

3. 典型案例

项目名称： YJ 村改造工程

现状问题： YJ 村现状有 7 台配电变压器，配电变压器容量 510kVA，供电户数 329 户，户均容量 1.55kVA/户，存在过载配电变压器 1 台，重载配电变压器 1 台，长期低电压户数 8 户，高损配电变压器 1 台，配电变压器问题情况表见表 5-10。

表 5-10　　　　　　　　YJ 村配电变压器问题情况表

序号	公用变压器名称	变压器型号	投运日期	额定容量(kVA)	用电客户数(户)	户均容量(kVA/户)	2019年最大负载率	线损率(%)	低压最大供电半径(km)	是否低电压	低电压类型	低电压户数(户)
1	10kV LM 线 YJ 村 2 号公用变压器	S13-100/10	2016/10/24	100	32	3.13	13.45	5.58	0.8			

续表

序号	公用变压器名称	变压器型号	投运日期	额定容量(kVA)	用电客户数(户)	户均容量(kVA/户)	2019年最大负载率	线损率(%)	低压最大供电半径(km)	是否低电压	低电压类型	低电压户数(户)
2	10kV LM线YJ村1号公用变压器	S13-M-50/10	2020/1/23	50	57	0.88	97.8	11.76	1.3	是	长期低电压	5
3	LC镇YJ村6号公用变压器	S13-100/10	2016/7/13	100	47	2.13	56.6	5.9	0.8			
4	LC镇YJ村7号公用变压器	S13-100/10	2016/7/20	100	37	2.7	18.57	9.3	0.9			
5	10kV LM线YJ村4号公用变压器	SJ-30/10	2000/6/28	30	36	0.83	61.4	3.66	0.8			
6	LC镇YJ村5号公用变压器	S13-100/10	2016/7/25	100	48	2.08	27.28	5.85	0.8			
7	10kV LM线YJ村3号公用变压器	S7-30/10	2000/6/28	30	72	0.42	109.76	8.72	1.7	是	长期低电压	3

改造方案：由 10kV LM 线 YJ 支线 16 号新增一台变压器布点，型号 S13-M-100/10，容量 100kVA，来缓解 LM 线 YJ 村 1 号公用变压器过载供电压力，同时解决 YJ 村 1 号公用变压器过载造成的低电压问题。更换 LM 线 YJ 村 3 号公用变压器高损配电变压器，采用型号 S13-M-100/10，容量 100kVA。

5.5.3 运行水平提升

1. 问题分析

低压电网装备问题主要有配电变压器重载、配电变压器三相不平衡、配电变压器低电压等问题，各类问题主要情况如下：

（1）配电变压器重载：配电变压器重载是指配电变压器最大负载率超过 80%，且持续 2h。

（2）配电变压器三相不平衡：三相不平衡配电变压器为持续 2h 以上，负载率 60%上配电变压器。

（3）配电变压器低电压：根据 GB/T 12325《电能质量　供电电压偏差》的

规定 10kV 及以下三相供电电压允许偏差为标称电压的 ±7%。220V 单相供电电压偏差为标称电压的 +7%，−10%。

2. 改造方法

各类运行问题应结合低压电网实际情况差异化提出解决方案，具体方法如下：

（1）配电变压器重载：针对重、过载配电变压器，应首先考虑通过对现有配电台区供电范围进行合理分区和负荷调整予以解决。对无法解决的配电变压器应优先安排进行新增配变布点，根据负荷增长情况适时进行增容改造。

（2）配电变压器三相不平衡：配电变压器三相不平衡，应首先通过"三相四线"制改造，均匀分配台区单相负荷。对于负荷较大、无法通过负荷平衡解决的应考虑优先安排进行新增配电变压器布点解决。

（3）配电变压器低电压：针对配电变压器布点不足或远离负荷中心、导线截面偏小，导致台区末端电压偏低，优先考虑新增和优化配电变压器布点、调整台区供电范围、导线扩径改造。

3. 典型案例

项目名称：CJ 村低电网改造方案

现状问题：CJ 村现状有 6 台配电变压器，配电变压器容量 570kVA，供电户数 476 户，户均容量 1.2VA/户，存在过载配电变压器 2 台，分别为 CJ 村 1 号公用变压器、2 号公用变压器。低电压户数 8 户，低压用户均由过载配电变压器供电。

改造方案：由 LM 线 CJ 支线 05−1 号新增一台变压器布点，型号为 S13−M−100/10，容量 100kVA，来缓解 CJ 村 1 号公变过载供电压力，同时解决 CJ 村 1 号公用变压器供电台区低电压问题；由 LM 线 FJW 支线 02 号新增一台变压器布点，型号 S13−M−100/10，容量 100kVA，来缓解 CJ 村 2 号公用变压器过载供电压力，同时解决 CJ 村 1 号公用变压器供电台区。

第 6 章

配电自动化建设与改造

6.1　建设改造思路与目标

建设改造配电自动化，主要原因为：

（1）提高用电可靠性提升客户满意度。通过自动化可以快速的隔离故障区域，恢复非故障区域供电，提供客户满意度。

（2）提高电力企业生产效率。通过遥控方式提高运行方式更改、故障情况下倒供电效率，通过故障位置研判等方式减少故障巡线的时间，通过接地选线方式减少调度员接地故障试拉所需的时间。

（3）提高一次设备使用寿命。通过对一次设备的监测及大数据分析，尽早的排查隐患，进行消缺，提升设备使用寿命。

（4）更好地支持配网调度以及配网运行。为调度员、一线班组人员提供日常数据支撑，并在故障态下提供研判依据。

为了实现配电自动化的建设目的，在做区域规划中需要考虑以下几个方面：

（1）优先选择网架较好，双环网和单环网，线路负载率满足倒供电的线路；网架条件尚不满足的线路即使改造了也无法在故障态下实现倒供故可以在一次网架完善后再考虑自动化建设。

（2）优先选择电缆网一次设备改造量较少，如电动操动机构状态良好，电源容量满足 3kVA，柜体端子排有余度或自带航空插座等，改造量小可以提升一线班组对改造工作的接受程度。

（3）选择区域的通信条件满足要求：如"三遥"自动化区域光纤通信网络

有空余的光纤通道，"二遥"自动化区域无线信号稳定，通信条件不满足，即使进行设备改造，也无法获取设备信息，通信管道不佳的线路建议在市政施工完善后再进行配电自动化建设。

（4）在此基础上还需考虑覆盖率问题，由于配电自动化需要满足一定的覆盖率才方便调度、运检使用，故选取的区域应相对集中，建议只选择部分改造条件良好的区域进行全面改造，使得该地区配电自动化有效覆盖，提升这部分地区调度、一线班组对系统的接受度。

6.2　建设改造方法与原则

6.2.1　总原则

配电自动化的实用化前提是自动化设备线路有效覆盖，即首、联络、合理分段设备必须进行自动化改造。若不满足以上条件，即便进行了故障定位，也无法实现故障隔离和倒供，无法配合变电站停电检修，应杜绝为了追求自动化线路覆盖率只对线路的个别设备进行改造，同时也应避免过多的安装自动化设备加大后期的维护量。自动化设备的建设型式主要有站所终端（Distribution Termianal Unit，DTU）、故障指示器、智能开关、小电流放大装置，下面从设备功能、安装原则两方面简要介绍各类设备基本情况。

6.2.2　站所终端

1. 设备功能

站所终端的安装可以实现以站所为分断点的线路短路故障研判与远方控制隔离并恢复供电，以及远期和消弧线圈并联中电阻装置配合实现电缆线路单相接地故障研判。

2. 安装原则

站所终端安装在10kV线路的环网室、环网箱内，站所中环进环出和母联间隔建议进行"三遥"改造，便于故障隔离、负荷导出，在运维阶段也可以通过遥控合环解环方式来进行配电自动化设备状态操作。

分支出线间隔采用建议进行"二遥"改造，便于故障定位和遥信收集，由于分支出线无法进行合环操作（进行遥控测试会影响到用户用电），无法通过晨操进行自动化设备状态试验，故不建议对分支出线间隔进行遥控改造。

站所终端的改造规则如图6-1所示。

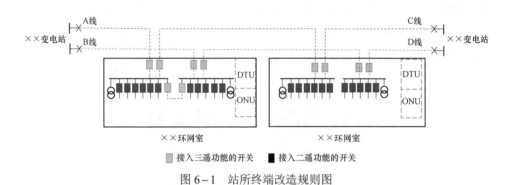

图6-1 站所终端改造规则图

3. "三遥"通信功能

"三遥"通信功能主要分为遥控、遥信、遥测，具体功能如下：

遥控信号：遥控分、合闸。

遥信信号：分闸、合闸、接地闸刀、气压表、远方/就地、弹簧未储能等。

遥测信号：电压、电流等。

其中接地闸刀位置可以让调度员在进行合闸操作时确认接地闸刀位置，弹簧未储能可以提升遥控成功率和遥控失败的原因判断。

6.2.3　故障指示器

1. 设备功能

故障指示器的安装可实现线路的短路故障的位置确认，提高巡线的针对性；部分设备厂商提供的故障指示器本身具有单线接地判断的功能；故障指示器也可和小电流放大装置配合实现架空线路的低电阻单相接地选线。

2. 安装原则

（1）故障指示器一般安装在10kV架空线路上，一组3只。

（2）安装距离间隔宜为1km左右或20～30基杆，目的为线路合理分段，进行故障定位。

< 142 >

（3）支线第一根杆塔上应安装，区分主干线、分支线故障。

（4）主线路的变电站第 1 个开关的负荷侧（后端）安装，区分站内、站外故障，并可配合小电流放大装置进行单相接地选线。

（5）电缆与架空交界处应安装，区分电缆、架空故障。

（6）线路末端位置、智能开关附近不宜安装。

（7）故障多发区域和巡视困难区域应优先安装，并适当增加安装密度。

6.2.4　智能开关

1. 设备功能

智能开关一般作为就地隔离短路故障使用，智能开关的安装可以实现架空线路短路故障的就地隔离及故障信号传递至主站，带电压时序与智能分布功能的智能开关也可进行非故障区域自动恢复供电；部分厂商的智能开关带有单相接地故障的就地隔离功能。

2. 安装原则

（1）智能开关一般安装在 10kV 架空线线路上，原理为使用级差保护配合隔离支线短路、接地故障。

（2）一般认为可靠的上下级开关时间级差配合需大于 0.2s，由于级差时间配合限制，主干线不建议安装（级差允许的前提下可以在较长主干线后半段处安装 1 只）。

（3）大分支及故障可能性较大的分支线路建议安装，例如，杆塔数量大于 10、配电变压器数量大于 3、配电变压器总容量大于 1000kVA 的支线一号杆安装智能开关，便于高故障概率支线的就地隔离。

6.2.5　小电流放大装置

1. 设备功能

小电流放大装置的安装是为了和故障指示器配合进行架空线路低电阻单线接地情况下的接地线路的选择。

2. 安装原则

（1）小电流放大装置配置于变电站出线第一基杆，变电站每段母线仅需配置 1 台小电流放大装置。

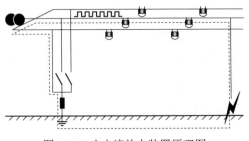

图 6-2　小电流放大装置原理图

（2）配置线路一般选择架空线路单相接地故障研判需求较大，且在线监测装置配置已较完善线路，部分供应商的小电流放大装置与其他供应商的故障指示器之间无法有效配合，在设备采购前需要确认。小电流放大装置原理图如图 6-2 所示。

6.2.6　一二次设备改造原则

涉及改造工作量较大自动化设备为站所终端，以下以"三遥"站所终端为例阐述对应的设备改造要求。

1. 自动化装置电源

由于需要给 DTU 装置、DTU 电源模块供电，按照国家电网公司颁布的《馈线自动化典型设计案例》，电压互感器容量需满足 3kVA，且需要双路电源供电。

2. 电动操动机构电源

由于部分区域 10kV 开关柜电动操动机构的额定电压为 AC 220V，由于考虑到电动机构更换工作时长较长，影响恢复供电时间，一般沿用原有电动操动机构，在施工过程中电动操动机构采用何种电源方式需要根据现场条件选择。

电源稳定性：DTU 蓄电池＞双电压互感器切换＞单电压互感器+1 路市电＞DTU 蓄电池+逆变器；

施工效率：双电压互感器切换＞（优于）单 PT+1 路市电＞（优于）电操更换 DC 48V。

故电操额定电压为 AC 220V 的开关柜建议按以下序列设计：双电压互感器切换（适用于双路电压互感器配置的环网室）、单电压互感器+市电（适用于单路电压互感器配置的环网箱）、更换电操为 DC 48V（适用于环网箱满足更换条件的）、DTU 蓄电池+逆变模块（适用于环网箱不具备市电接入条件且电操机构不具备更换条件的）。

3. 电流互感器

由于配电自动化系统通过 ABC 相电流互感器计算出的零序电流准确度欠佳，建议遥测间隔进行 AC 相电流互感器及零序电流互感器改造，以配合各种单相接地的故障研判。

　　进线间隔电流互感器变比宜为 600/5，出线间隔电流互感器变比宜为 400/5（断路器保护）、100/5（熔丝保护）；零序电流互感器变比宜为电流互感器 100/5；根据国网配电自动化终端典型设计要求，电流互感器精度需要满足 0.5 及 10P10 双重要求（故障电流获取及线损管理的需要），不符合要求的考虑更换。

6.3　网格化、单元制规划下的配电自动化规划

　　由于一次设备现状、线路敷设方式以及通信条件的约束对应的馈线自动化实现方式也不同，现行主流的馈线自动化模式分为主站集中式、智能分布式两种。以下就不同馈线自动化模式对应的适用区域和优缺点做介绍。

6.3.1　主站集中式

　　（1）适用范围：城市电缆网（或电缆化率较高），通信管道条件较好的线路。

　　（2）自动化原理：在故障情况下，变电站 10kV 出线开关先动作切除故障，通过 DTU 或故障指示器采集故障信息，由主站统一收集后进行故障研判，根据研判结果通过遥控方式进行故障隔离，最后进行非故障区域的恢复供电。

　　（3）使用设备：三遥站所终端（Distribution Terminalr Unit，DTU）。

　　（4）通信条件：以太网无源光网络（Ethernet Passive Optical Network，EPON）、光纤、光网络单元（Optical Network Unit，ONU）、光线路终端（Optical Line Terminal，OLT）。

　　（5）优缺点：故障隔离在变电站出线开关动作后，全线短暂失电，非故障区域的恢复供电时间在数十秒至分钟级，调度员可以自行选择故障隔离方式，整定较为简单可套用。

　　主站集中式自动化方式根据故障隔离调度参与度不同又可分为半自动馈线自动化（Feeder Automation，FA）、全自动馈线自动化。

　　半自动 FA：通过调度员对主站故障研判结果进行判断后执行故障隔离策略

　　全自动 FA：完全由主站自动切除故障的（要求较高，在自动化设备稳定运行及通过仿真试验后方可进行）。

6.3.2 智能分布式

智能分布式主要通过自动化设备之间互相通信进行故障研判及隔离，该类馈线自动化方式可极大缩短故障隔离及恢复供电时间，通过故障隔离速度的不同，又可分为缓动智能分布式、速动智能分布式。

1. 缓动智能分布式

（1）适用范围：通信管道情况较差的老城区电缆网，也适用于需要一次停电即隔离故障区域且不适合使用光纤通信的较长的架空线路。

（2）自动化原理：不依托主站，可使用无线通信，在变电所出线开关动作后，相邻开关之间通过传递是否有过流信号相互配合（根据开关功能及整定方式可以分为四类开关：电源开关、普通开关、末梢开关、联络开关），通过逻辑研判实现故障隔离和非故障区域恢复送电，最后将相应的信息发送至主站。

（3）使用设备：负荷开关、DTU；架空线路智能开关。

（4）通信方式：EPON 光网络；无线通信。

（5）优缺点：故障隔离在变电所出线开关动作后，全线短暂失电，非故障区域恢复送电速度快，在十秒级，整定较为复杂，且随着运行方式变化需要重新整定。

2. 速动智能分布式

（1）适用范围：一次为断路器方可使用，投入较高，城市核心区域、世界一流配电网区域适用。

（2）自动化原理：不依托主站，相邻开关之间通过通信互相配合实现故障隔离和非故障区域恢复送电，在变电所出线开关动作前隔离故障。

（3）使用设备：断路器、DTU。

（4）通信方式：光纤以太网（注意：无法使用存在延时的 EPON 网络）。

（5）优缺点：不会引起全线失电即完成故障隔离，一次设备必须是断路器，故障隔离在变电所出线开关动作前，隔离故障时间在毫秒级，2s 内恢复非故障区域供电，整定较为复杂，逻辑性很强，且随着运行方式变化需要重新整定，减少了调度员的工作量，但是增加了整定工作量。

3. 就地式

（1）适用范围：不具备光纤或无线通信条件的线路，或可靠性要求不高的线路。

（2）自动化原理：通过时序、级差等配合，不依赖于配电主站、不依赖通信、配电终端通过重合及闭锁逻辑隔离故障，恢复非故障区域供电，较为常见的为电压时序式 FA 及现其衍生的重合速断式 FA 及重合闸级差 FA 模式。或通过级差配合的断路器在变电所或上级开关动作之前，隔离支线或主干线末端故障。

（3）使用设备：电压—时序型智能开关、断路器型智能开关等。

（4）通信方式：无需通信。

（5）优缺点：以电压时序型为例，故障发生两次，会引起用户二次停电，变电站出线开关需要二次重合，隔离故障时间在数十秒级，整定较为简单。

6.4　配电自动化建设改造的应用与实践

6.4.1　主站集中式案例

主站集中式建设案例图见图 6-3。通过对城区核心区域的密集开闭所、环网站的三遥 DTU 改造，实现电缆线路的主站集中式馈线自动化，图中可见除少量设备不具备改造条件的站所外，其余均进行自动化改造，核心区域三遥站所覆盖比例超 90%。

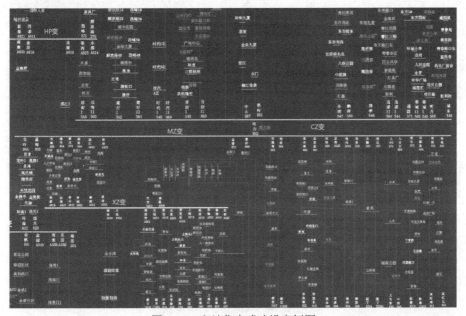

图 6-3　主站集中式建设案例图

较高的覆盖率可以满足调度遥控处理各种区段故障的需求，FA 研判无需扩大故障隔离范围，并且可以实现变电站检修全停一键导供等高级应用。

以某城区电缆网为例：至今共完成"三遥"改造站所 185 座并投入远控、涉及线路 79 条，投入 FA 线路 79 条，并使用自动化远控实现 110kV HP 变电站、MZ 变电站全停负荷转供倒电操作，实现 1h 内完成多回线路负荷转供操作，大量节省人工倒负荷工作量，减少操作风险。

6.4.2 就地式案例

农网及部分郊区城网架空线路采用故障指示器、智能开关、小电流放大装置等进行覆盖，主干线方面，线路首端（3 号杆及之前）安装远传型故障指示器，联络开关安装智能开关。对与主干线相连分支线的配电变压器数量大于 3 台或容量大于 1000kVA 或长度大于 1km 的分支线，在分支线首端安装智能开关（保护+重合闸），分支线中不具带电安装条件的其他开关处应安装远传型故障指示器。就地式建设案例图见图 6-4。

图 6-4 就地式建设案例图

以某县级农网架空网为例：至今共完成了 130 条架空线路的有效覆盖，安装智能开关 1300 余台、智能开关 500 余台，分支开关均已投入过电流保护及重合功能，分支线故障有效隔离，瞬时分支线故障通过重合恢复送电，并通过故障指示器协助故障巡线。

随着自动化覆盖率和设备性能的提升，目前也出现了架空线路重合闸速断馈线自动化功能。其工作逻辑为：变电站出线开关保护动作跳闸后，线路上所有开关失压分闸。出线开关重合后，线路开关单侧来电延时合闸。合于故障点时，临近故障点的线路开关加速分闸（定值赶在变电所跳闸前、且之前合闸的线路开关已闭锁保护不会分闸），恢复故障点上游供电，同时故障点后侧的第一个开关瞬时加压闭锁。联络开关长延时后合闸，同理完成故障点下游恢复供电，合至故障点后侧开关由于已闭锁，不会重复合于故障点。

架空线路重合闸速断馈线自动化功能优势在于逻辑实现故障点看两侧开关分闸，其余非故障区域自动恢复供电的功能，整体动作时间在分钟级别，非故障区域用户只停电一次，变电站出线开关跳闸一次，对线路的设备影响也相对较小。但对运行人员素质要求较高，该功能投入后开关来电合闸，需要配合出台严密的检修制度，在发生运行方式变更等情况下，均需要调整定值。

6.4.3 电缆网实践案例

随着城市中心区电缆化率的逐步提升，电缆线路故障的处理日益成为摆在运行人员面前的难题。在配电自动化覆盖之前的电缆线路故障处理中，往往需要运行人员到现场巡线，再配合分段试送、线路试拉等手段定位故障。在电缆网自动化覆盖率达到一定要求，馈线自动化功能上线运行之后这个情况已大有改观。下面以某 10kV 电缆线路发生故障导致 110kV 变电站 10kV 出线开关跳闸故障为例进行说明。

故障发生时 110kV ZQ 变压器 10kV WX I 274 开关运行，联通开闭所（083）BY 8313 联络开关冷备用，线路上所有站所均完成了自动化改造。如图 6-5 所示。

当日 110kV ZQ 变压器至后城里（138）开闭所间电缆发生故障，变电站出线开关保护跳闸。由于该线路所有自动化开关均位于故障点后段，因此并未上送过电流信号，馈线自动化结合变电站跳闸及自动化过流上送情况启动故障研判，定位故障点位于 110kV ZQ 变压器 10kV WX I 274 开关至后城里开闭所 WXⅠ13811 开关之间，推送故障隔离策略为分别拉开 110kV ZQ 变压器 10kV WXⅠ274 开关和后城里开闭所 WXⅠ13811 开关，恢复非故障区域供电策略为合上联通开闭所（083）BY 8313 联络开关。整个过程仅用时 8min 38s。

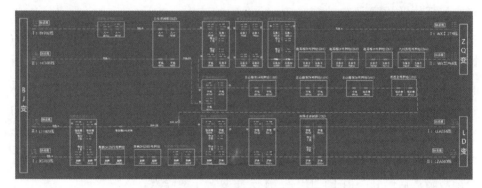

图 6-5　某 10kV 电缆线路自动化建设情况

6.5　配电物联网建设

电力物联网就是围绕电力系统各环节，充分应用移动互联、人工智能等现代信息技术、先进通信技术、实现电力系统各环节万物互联、人机交互，具有状态全面感知、信息高效处理、应用便捷灵活特征的智慧服务系统。配电网物联网系统图如图 6-6 所示。

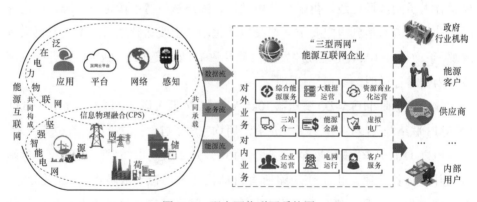

图 6-6　配电网物联网系统图

< 150 >

6.5.1　中压配电物联网基本功能

中压配电物联网（见图 6-7）采用配电自动化技术构架，基本功能包含以下几点：

（1）馈线自动化（Feeder Automation，FA），同期线损实时统计，通过 Web 系统实时发布。

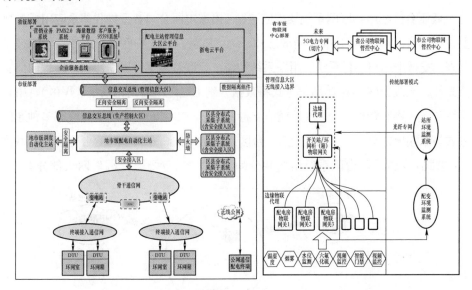

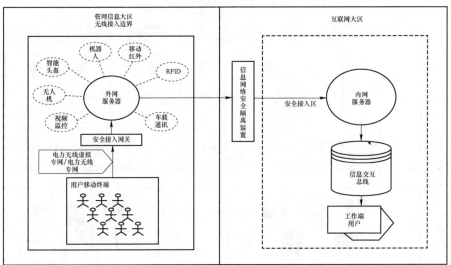

图 6-7　中压配电物联网系统图

（2）智能巡检系统：可以通过配电物联网实现配电线路无人机巡视系统、配电线路智能防雷系统、配电电缆线路 RFID 可视化系统、配电站（所）综合环境监测装置系统、配电智能安全头盔系统、配电站（所）智能巡检机器人、电缆井道自动灭火装置、配电站（所）智能开关检测系统等。

6.5.2 低压台区物联网系统架构

低压台区配电物联网系统架构应遵循《国家电网公司智慧物联体系应用场景典型设计 台区部分》，按照"精准感知、边缘智能、统一物联、开放共享"的技术原则，支持配电自动化系统、用采系统和统一物联管理平台通信协议。远程通信支持光纤、无线公网/专网等通信方式将数据分别上送配电自动化系统（IV区）、用采系统和统一物联管理平台。本地通信支持 HPLC、RS-485、微功率无线等多种通信方式与末端感知单元进行数据交互。台区系统结构如图 6-8 所示，台区智慧物联体系如图 6-9 所示，台区系统结构共分为"云""管""边""端"四大部分。

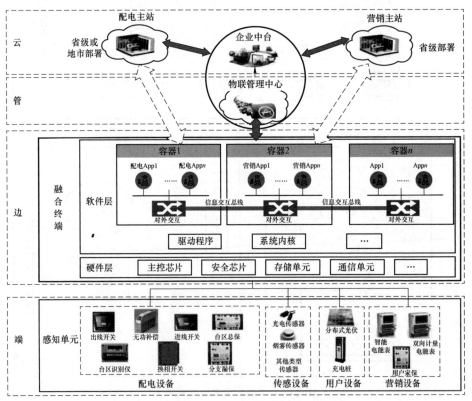

图 6-8 低压台区配电物联网系统结构图

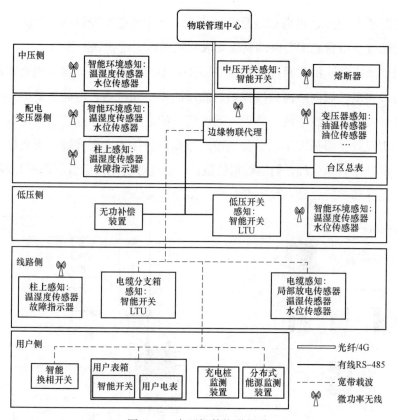

图 6-9　台区智慧物联体系

"云"是云化主站，采用计算、大数据、人工智能等技术，实现配电物联网架构下的全面云化和微服务化。

"管"为云、变、端侧提供数据传输的通道，其一为远程通信网（电力 4G 专网、以太网），其二为本次通信网（电力载波、微功率无线）。

"边"为边缘物联代理，是在靠近物或数据源头的网络边缘侧，同和网络通信、边缘计算、数据存储、智能应用核心能力的中心终端。

"端"是配电物联网架构中的感知单元，是构建配电物联网海量数据的基础。包含各种环境传感设备、局放传感器、电气量检测设备、联动控制设备等采集（控制）终端。

6.5.3　低压台区物联网技术功能

通过智能配电变压器终端建设、智能电能表 HPLC 改造、低压设备物联化能够实现基于 HPLC 的营配数据就地集成。其中智能配变终端是台区的边缘装置，营配数据由智能配变终端就地集成和汇聚后上送物联网平台。

通过低压台区物联网技术架构（见图 6-10）一是能够支撑供电企业营配业务管理，实现区域内能源调度控制、低压故障主动抢修、电能质量综合治理；二是能够实现采集终端统一管理，通过统一的通信机制和规约，实现数据同源采集。实现数据即插即用，各类型用户数据自由接入，提升数据有效性，并对接入数据进行本地处理，创造数据价值；三是能够对电网运行状态的在线监测，通过智能终端实现"站—线—变—户"拓扑自动识别。

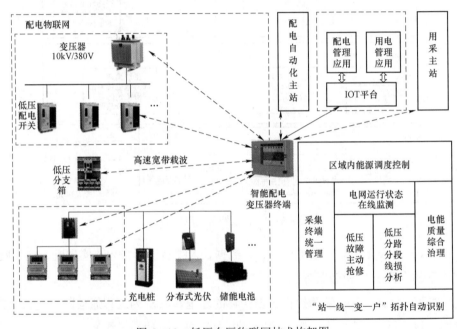

图 6-10　低压台区物联网技术构架图

6.5.4　终端、设备即插即用技术

低压台区物联网通信主要是要实现终端、设备即插即用，主要通信流程图如图 6-11 所示。

（1）设备厂家向主站报备设备信息和模型

（2）配电变压器远方终端（Transformer Terminal Unit，TTU）向物联网（Internet of Things，IOT）平台主动注册，IOT 根据事先导入的 profile 模型文件

和终端 esn 号判断是否允许接入。

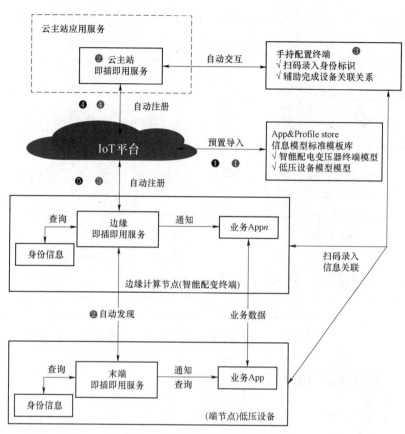

图 6-11 低压台区物联网通信流程图

（3）低压设备 IP 化组网，主动上报 IP，并通过 CoAP（Constrain Application Protocol）协议向 TTU 发送身份认证信息，向主站注册低压设备信息。

（4）手持终端通过扫码，将一二次关联信息上送至云主站。

6.5.5 低压台区物联网通信技术

通信技术是配电物联网的基础技术，分成远程通信网和本地通信网两个主要部分。远程通信主要有单 T-双 T、104-MQTT/698 和自由 MQTT-南瑞 IOT 三种。本地通信主要分为高速电力线载波（High Performance Liquid Chromato-graphy，HPLC）和无线两种。目前主要使用的本地通信手段为 HPLC，无线通信还没有合适的技术能够支撑配电物联，有待进一步研究。HPLC 技术又分为常规 HPLC 和 IP 化 HPLC。IP 化 HPLC 是发展的方向，目前只有华为拥有该项技术，推广困难。图 6-12 所示为低压台区物联网通信技术网的组网图。

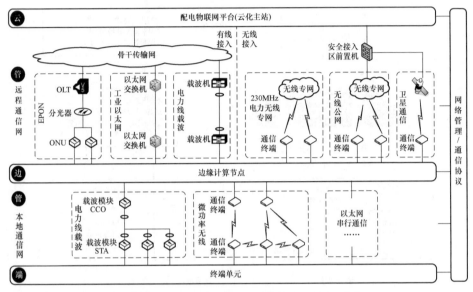

图 6-12　低压台区物联网通信技术网的组网图

6.5.6　配变台区边缘设备及技术要求

1. 智能配变终端

（1）设备基本情况。智能配变终端（见图 6-13）是电力物联网台区侧边缘

图 6-13　智能配电变压器终端实物图

计算中心，通过智能配电变压器终端走向信息融合终端，实现自主平台终端应用，通常安装位置在配电变压器侧。

（2）技术要求。智能配变终端主要包含软件定义终端、容器化虚终端、边缘计算即插即用四项技术要求，具体情况如下：

1）软件定义终端：数据汇聚、计算和应用集成的开放式平台，支撑配电业务可弹性扩展，如在终端平台上安装线损计算 App，终端即可扩展线损计算功能。

2）容器化虚终端：终端采用轻量容器化技术，同类 App 组合于一个容器，可虚拟一个装置，该虚装置与其他容器互不干扰。如将电能质量监测 App、电能质量控制 App 装在一个容器里，终端即出现一个电能质量控制虚拟装置。

3）边缘计算：低压电力物联网系统 80% 的数据计算处理工作在边侧就地处理进行，20% 的数据计算处理工作在主站统筹进行。

4）即插即用：即插即用的关键枢纽。承担端设备到终端的即插即用，终端到云主站的即插即用。

2. 物联化开关

（1）设备基本情况。物联化开关为端设备的一种，主要用于新建小区中，图 6-14 所示为低压智能配电开关实物图。物联化开关通常安装在出线、分支箱（终端箱）、电表箱等节点，具备电气感知功能，如线损数据（冻结电量）测量。

（2）技术要求。物联化开关要求设备实现一二次融合，具备高速载波接入配电物联网能力，保护、测控、通信、故障定位与隔离一体化，能够实现低压配电网故障检测和线损测量。

3. 低压故障传感器

（1）设备基本情况。低压故障传感器为端设备的一种，主要用于开关不具备改造条件的老旧小区。低压故障传感器通常安装在出线、分支箱（终端箱）、电表箱等

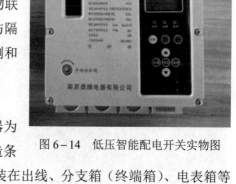

图 6-14 低压智能配电开关实物图

节点，具备电气感知功能，如线损数据（冻结电量）测量。

（2）技术要求。低压故障传感器要求实现电压电气量检测和计量以及漏电流信号采集。数据功能上能够支持低压拓扑识别、线损、阻抗分析。施工条件上支持不停电安装。通信方式上支持 485、LORA 和 IP 化 PLC 等多种通信方式。

6.5.7 物联网改造工程案例

1. 改造案例

以某小区为例，对该小区 1、2 号台区实施了低压台区物联网改造，图 6-15

所示为改造工程设备安装图，图 6-16 所示为该小区配电物联网技术系统图。通过该项改造可以实现拓扑自动识别、线损精确分析、低压故障抢修精准定位、台区综合能源协调控制等功能。

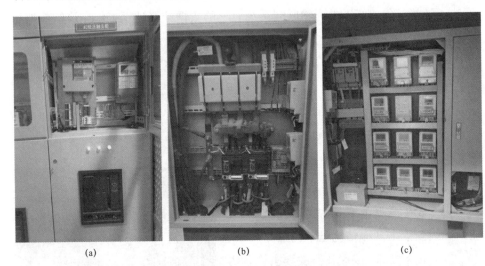

图 6-15　设备安装实物图

（a）配变智能终端（TTU）安装图；（b）终端箱中（LTU）安装图；（c）表箱内（LTU/TOPO）安装图

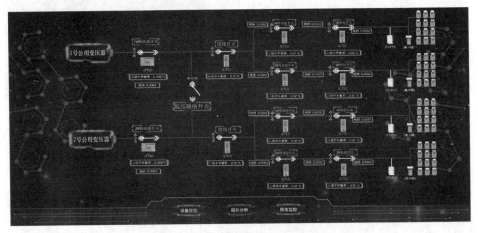

图 6-16　配电物联网技术系统图

2. 改造策略及主要功能

（1）拓扑自动识别。通过高速电力线载波通信等技术，实现设备之间连接关系自动识别判定（含有 HPLC 模块的电表用于实现户变关系，带 HPCL 模块的智能开关或 LTU 实现分支和分相识别），形成拓扑关系，自动适应电网接线关系调整。台区低压拓扑自动识别功能主要包括户变关系识别、分相关系识别、分支关系识别。可支撑精准故障定位、线损管理、电能质量分析及治理等业务。

1）改造策略：变压器 B1 低压侧安装智能配变终端 TTU，低压出线开关改造为物联化开关，各分支箱开关出线侧加装低压故障传感器。用户表加装 HPLC 模块，具备电压电流实时上送功能。配电变压器户表拓扑图见图 6-17。

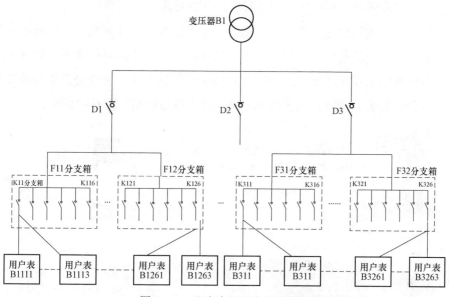

图 6-17 配电变压器户表拓扑图

2）实现功能：拓扑自动识别步骤如下：

第一步：TTU 装置上电后（或配电自动化主站下发户变拓扑更新的命令给 TTU 装置），TTU 的载波模块会自动通过载波通信广播方式进行台区内设备的自组网，自组网广播报文会识别出本台区下所有线路的配电设备和末端电表，分支箱终端和末端辨识终端收到组网信息后，返回自身的设备号 ID 以及设备类型。TTU 形成户变关系文件。

第二步：TTU 根据各终端停复电等信息，进一步判断错误组网终端。

第三步：主站根据终端上送拓扑文件和错误进网信息，要求附近 TTU 重新组网，校正拓扑。

（2）线损精确分析。

1）改造策略：变压器 B1 低压侧安装智能配电变压器终端 TTU，具备电量冻结功能；低压出线开关改造为物联化开关，具备电量冻结功能；各分支箱开关出线侧加装低压故障传感器，具备电量冻结功能。用户表加装 HPLC 模块，具备电量冻结功能。

2）实现功能：TTU 在拓扑关系（包括户变关系、层次关系和相位关系）已形成基础上，对各配电设备和电能表上送时冻结电量进行分析和计算，可形成各区段精确线损，对线损异常进行分析并报警。

（3）低压故障抢修精准定位。基于电压电流监测、开关变位、停电事件和设备状态等感知信息，实现停电范围精准判定，停电原因自动分析。通过实时上报将研判结果以主动抢修工单的形式推送至抢修人员，主动提升故障抢修响应速度和供电服务质量。低压故障主动抢修工程流程图如图 6-18 所示。

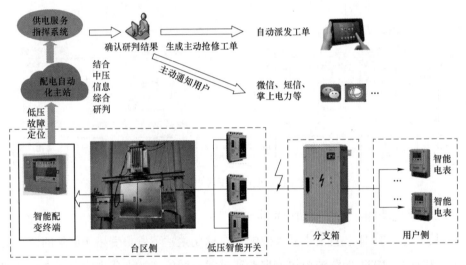

图 6-18　低压故障主动抢修工程流程图

（4）台区综合能源协调控制。通过对充电桩、分布式能源光伏逆变器、用户储能、电采暖等用户设备的开关状态、能量信息、运行状态等的监控，实现有序用电、台区能源协同自治，提升台区综合能源协调控制水平。主要功能包括电动汽车有序充电、光伏协调控制、并离网状态监测、能量信息统计等。下面以电动汽车为例进行说明。台区充电桩停启控制管理策略（见图 6-19）应综合考虑配变台区负荷预测、台区电动汽车充电需求、台区配变容量限制等主要因素，保障台区供电能力充裕。通过智能配变终端实时采集电动汽车充电桩运行状态，电量数据，告警事件等信息。通过负荷特性分析，引导用户错峰充电。

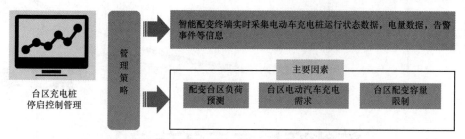

图6-19 台区充电桩停启控制管理策略

根据城区居民典型生活习惯统计分析，台区负荷自 18:30 起进入高负荷运行，电动汽车充电时段分布在 18:30~23:30，与台区晚高峰生活负荷完全重叠，如不经引导，台区将可能在 21:30 左右出现重超载现象。通过智能配变终端的引导，可将负荷合理转移至 0:00~6:00 时段内，充分利用配电变压器轻载时段为电动汽车充电，提高配电变压器运行经济性。台区充电错峰充电负荷特性见图6-20。

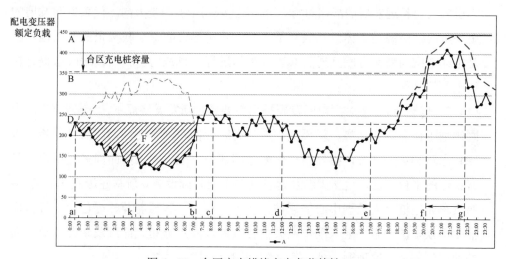

图6-20 台区充电错峰充电负荷特性

第 7 章

新能源与多元负荷接入

7.1 新形势对网格化规划的影响

2020 年国家电网提出将"具有中国特色国际领先的能源互联网企业"确立为引领公司长远发展的战略目标,"能源互联网企业"是方向,代表电网发展的更高阶段,能源是主体,互联网是手段,公司建设能源互联网企业的过程,就是推动电网向能源互联互通、共享互济的过程,也是用互联网技术改造提升传统电网的过程。

新基建、新业态对配电网发展提出新要求,新发展格局下,"十四五"配电网规划工作面临新形势、新挑战,应具有时代性和创新性,为此需进一步明确规划思路和重点任务,指导新一轮配电网建设。配电网直接面向多元用户,具有天然的平台属性,是支撑新基建发展的主要基础设施。新基建涉及 5G、新能源汽车充电桩、大数据中心等领域,在人工智能、智慧能源、绿色出行等方面催生出众多新业态,要求配电网柔性化发展,满足分布式能源及多元负荷"即插即用"需求,实现源-网-荷-储高效互动。

规划基础工作是规划工作的根本,要做好配电网海量基础数据的管理和维护,确保数据的完整性和准确性;另外要做精做细负荷预测,在传统的"自下而上"方法基础上,加强对负荷预测区域的调研分析,尤其是新基建相关的 5G基站、数据中心、充电设施等新增负荷,要掌握其相关用电需求和特性,提高负荷预测的精准度。在规划过程中要把握适应性原则,充分满足经济社会发展的用电需求,适应城镇化发展和产业结构调整对配电网的要求,适应分布式电源、多元化负荷接入及多能互动的趋势。

7.2 能源互联网建设

1. 110～35kV 光伏并网

根据某市电网的现状以及电网发展规划，该项目周边有现状 220kV YH 变电站、220kV DG 变电站、220kV WT 变电站、110kV NH 变电站以及规划建设 110kV LN、LG 光伏电站。

（1）项目拟建场址。某新能源科技有限公司拟建光伏发电项目两个，项目一为 LN 光伏电站，规划租用面积约 1910 余亩，拟建容量为 110MW。项目二为 LG 光伏电站，规划租用面积约 1390 余亩，拟建容量为 80MW。

（2）并网电压、回路数。根据 GB 50797—2012《光伏发电站设计技术规范》规定，两座光伏电站属于大型光伏电站，根据 Q/GDW 1617—2015《光伏发电站接入电网技术规定》，其接入电压等级通过 66kV 及以上电压等级接入电网；综合考虑周边电网现状及规划、项目装机容量、业主单位并网发电需求等多种因素，本报告建议 2 个光伏电站各采用 110kV 线路并网，2 个光伏电站的接入系统方案一并考虑。

（3）导线截面选择。根据业主提供的资料，LN、LG 光伏电站装机规模分别为 110、80MW，考虑光伏发电综合效率 80%，年均有效利用小时数为 960h，则其经济电流密度选择为 1.65A/mm^2，光伏电站按 110kV 电压等级并网，功率因数按 0.95 考虑，计算得 LN、LG 光伏电站按经济电流密度选择的并网线路截面为 295、214mm^2。因此推荐架空导线截面选择为 300mm^2，电缆截面与架空导线截面输送容量相匹配，建议选用 630mm^2。

（4）接入系统方案。由于 LN 光伏电站与 LG 光伏电站建设地点均为 LS 水库，为推动 2 个光伏电站项目顺利并网，接入系统方案以 2 个光伏电站统筹考虑为原则，综合考虑光伏电站装机规模及附近电网情况，2 个光伏电站分别通过新建 LG 光伏电站～YH 变 1 回 110kV 线并网、LN 光伏电站～DG 变 1 回 110kV 线并网；该方案沿海方向需新建电缆线路长约 1×2.0km；DG 变电站方向需新建电缆线路长约 1×3.3km，电缆截面采用 1×630mm^2。同时 YH 变电站扩建间隔 1 个，DG 变电站退出间隔 1 个。同时，HK 变电站现状接入 YH 变 110kV Ⅰ 段、Ⅱ段母线（Ⅰ、Ⅱ段母线硬连接）。

2. 10kV 并网

现状某区余电上网及全额上网的分布式 10kV 光伏并网装机容量共计 282.36MW，根据预测到 2025 年分布式 10kV 光伏并网装机容量共计 464.51MW，共计新增 152.64MW，结合分地块预测结果其中有 60.72MW 位于用户专用变压器区域，由用户就地平衡，不考虑接入 10kV 公用网，到 2025 年该区域范围内接入 10kV 公用网络分布式装机总容量为 121.43MW。

结合各网格环网箱式建设情况以及分布式预测结果，规划到 2025 年建设插座式光伏接入点 34 座，其中新建 8 座，其余 26 座为利用现有环网箱改造，结合现有 50 个光伏接入站点，共计形成光伏插座式电源点 84 个。各网格分布情况如图 7-1 所示，各站点共计投约 720 万元。

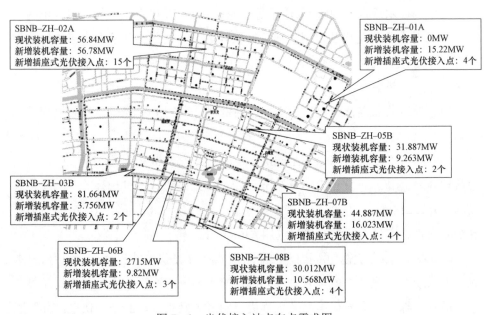

图 7-1　光伏接入站点布点需求图

新增光伏接入点如表 7-1 所示。

表7-1　　　　　　　　　　某区新增光伏接入站点需求

序号	所属网格	新增光伏容量（MW）	10kV接入容量（MW）	环网站数量（个）
1	SBNB_ZH_01A	15.22	15.22	4
2	SBNB_ZH_02A	87.99	56.78	15
3	SBNB_ZH_03B	3.756	3.756	2
4	SBNB_ZH_05B	9.263	9.263	2
5	SBNB_ZH_06B	9.82	9.82	3
6	SBNB_ZH_07B	16.023	16.023	4
7	SBNB_ZH_08B	10.568	10.568	4

根据光伏预测情况及接入规划，至2025年全区预计有分布式光伏装机435.003MW，其中通过110kV及35kV专线接入容量131.663MW，通过10kV线路接入容量303.34MW。

3. 0.38kV并网

（1）屋顶光伏装机容量分析。屋顶不同，光伏电站的安装方式不同，安装的电站面积也不同。安装光伏发电的屋顶一般有彩钢瓦屋顶、砖瓦结构屋顶、平面混凝土屋顶三种。对不同屋顶装机容量分析如下。

1）彩钢瓦屋顶。在钢结构的彩钢瓦屋顶安装光伏电站，通常情况下只在朝南的一面安装光伏组件，铺设比例为1kW占面10m²，也就是1MW（1MW=1000kV）项目需要使用1万m²面积。

2）砖瓦结构屋顶。在砖瓦结构屋顶安装光伏电站，一般会选在08:00~16:00没有遮挡的屋顶区域铺满光伏组件，虽然安装方式与彩钢屋顶不同，但是铺设比例却相似，也是1kW占面积10m²左右。也就是说，一个面积比较大（100~150m²）的砖瓦结构屋顶，大概可以安装约10kW的光伏发电系统，25年年均发电估计在9000kWh~1.3万kWh。

3）平面混凝土屋顶。在平面屋顶安装光伏电站，为了保证组件尽可能多的接收阳光，需要设计出最佳水平倾角，故在每排组件之间需要间隔一定间距，以保证不被前排组件阴影遮挡。所以，整个项目占用的屋顶面积，会大于可以实现组件平铺的彩钢瓦和别墅屋顶。一般来说，考虑到自然遮挡和女儿墙高度等复杂因素后，1kW占用屋顶面积为15~20m²，也就是1MW项目需要使用面积为1.5万~2万m²。

（2）光伏发电装机容量规划。根据各村的有效用地面积以及保证冬至日 9 点至 15 点期间，光伏阵列不出现遮挡，对各村落的光伏电源装机容量进行估算。根据测算，Y 村光伏发电片区共分为三个，分别为"两山"讲学基地、B 堂民宿村和美丽示范村，每个片区光伏规划实际建设有效面积和光伏装机容量如表 7-2 统计。

表 7-2   Y 村分布式光伏装接容量统计表

Y 村片区	有效面积（m²）	装接容量（kW）	接入点
"两山"讲学基地	1300	80	A 堂公用变压器
B 堂民宿村	2500	160	B 堂公用变压器
美丽示范村	4800	320	Y 村机埠、Y 村村委公用变压器
合计	8600	560	—

Y 村分布式光伏建设面积约为 8600m²，可建设容量根据现有成熟技术的统计数据估算约为 560kW，分布式光伏分布图如图 7-2 所示。以各居民单个屋顶为单位，按照接入原则规定建议采用 220V/380V 接入方式。对光伏电源接入，"两山"讲学基地现有 A 堂公用变压器；B 堂民宿村现有 B 堂公用变压器；美丽示范村现有 Y 村机埠公用变压器、Y 村村委公用变压器，现有公用配电变压器能够满足后期光伏电源的接入。

图 7-2   Y 村分布式光伏分布图

7.3　电动汽车接入规划

1. 充电设施规划

BH 新城规划有公共停车场 17 处，共有停车位 3700 个。依据 DB 33/1121—2016《民用建筑电动汽车充电设施配置与设计规范》4.2.4 中的表 4.2.4.6 对公共停车场充电桩建设要求，对公共停车场进行充电桩规划。按照总停车位的 15%预留电动汽车充电设施，其中 50%为快充设施具体见表 7-3。电动汽车充电桩规划见图 7-3。

表 7-3　　　　　　　　　　　　　BH 新城电动汽车充电设施详细表

序号	名称	位置	性质	快充数量（个）	慢充数量（个）	同时率	预计负荷（kW）
1	停车场 1	YHX 路与 HX 路西南侧	公共桩	38	37	0.5	1650
2	停车场 2	HX 路与 SY 路西北	公共桩	8	7	0.5	345
3	停车场 3	BHQ 路与 HX 路西南侧	公共桩	34	34	0.5	1479
4	停车场 4	YHX 路与 HZW 大道西南侧	公共桩	23	22	0.5	997
5	停车场 5	YHX 路与 SY 路西南侧	公共桩	20	19	0.5	867
6	停车场 6	TY 路与 HW 路东南侧	公共桩	27	26	0.5	1171
7	停车场 7	YHX 路南侧、ZXHB 侧	公共桩	23	22	0.5	997
8	停车场 8	TY 路与 HX 路东北侧	公共桩	8	7	0.5	345
9	停车场 9	TY 路与 HX 路西南侧	公共桩	8	7	0.5	345
10	停车场 10	TY 路与 HJ 路西南侧	公共桩	8	7	0.5	345
11	停车场 11	YHX 路与 BH 大道东北侧	公共桩	8	7	0.5	345
12	停车场 12	YHX 路与 BH 大道西南侧	公共桩	15	15	0.5	653
13	停车场 13	FT 总部北侧	公共桩	30	30	0.5	1305
14	停车场 14	YHX 路与 JY 大道东北侧	公共桩	15	15	0.5	653
15	停车场 15	YHX 路与 JY 大道东南侧	公共桩	8	7	0.5	345
16	停车场 16	JY 大道与 SX 路东南侧	公共桩	8	7	0.5	345
17	停车场 17	YD 数据中心北侧	公共桩	12	11	0.5	519
合计				293	280	—	12 700

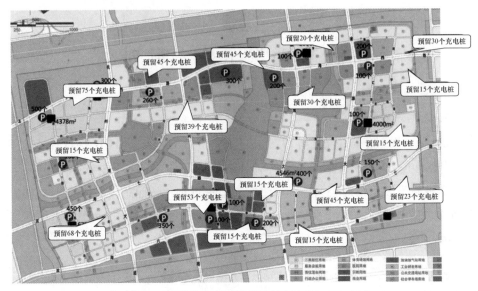

图 7-3　电动汽车充电桩规划

2. 配套接入方案

本次规划在公共停车场预留环网室满足配电变压器接入。BH 新城电动汽车充电设施供电方案汇总表见表 7-4。

表 7-4　　　　　BH 新城电动汽车充电设施供电方案汇总表

序号	名称	位置	性质	快充（个）	慢充数量（个）	配电变压器容量（kVA）	供电线路	接入环网室
1	停车场 1	YHX 路与 HX 路西南侧	公共桩	38	37	2000	WS15 线 WS16 线	规划 125 号
2	停车场 2	HX 路与 SY 路西北	公共桩	8	7	630	WS15 线 WS16 线	规划 18 号
3	停车场 3	BHQ 路与 HX 路西南侧	公共桩	34	34	1800	PQ25 线 PQ26 线	规划 130 号
4	停车场 4	YHX 路与 HZW 大道西南侧	公共桩	23	22	1260	WS07 线 WS08 线	规划 154 号
5	停车场 5	YHX 路与 SY 路西南侧	公共桩	20	19	1000	WS13 线 WS14 线	规划 39 号
6	停车场 6	TY 路与 HW 路东南侧	公共桩	27	26	1600	CZ05 线 CZ06 线	规划 195 号
7	停车场 7	YHX 路南侧、ZX 湖北侧	公共桩	23	22	1400	CZ21 线 CZ22 线	规划 36 号

续表

序号	名称	位置	性质	快充（个）	慢充数量（个）	配电变压器容量（kVA）	供电线路	接入环网室
8	停车场 8	TY 路与 HI 路东北侧	公共桩	8	7	630	CZ09 线 CZ10 线	规划 209 号
9	停车场 9	TY 路与 HI 路西南侧	公共桩	8	7	630	CZ09 线 CZ10 线	规划 210 号
10	停车场 10	TY 路与 HJ 路西南侧	公共桩	8	7	630	CZ11 线 CZ12 线	绿地 45－2
11	停车场 11	YHX 路与 BH 大道东北侧	公共桩	8	7	630	GW05 线 GW06 线	规划 12 号
12	停车场 12	YHX 路与 BH 大道西南侧	公共桩	15	15	800	GW09 线 GW10 线	规划 42 号
13	停车场 13	FT 总部北侧	公共桩	30	30	1600	CZ15 线 CZ16 线	绿地 43、44－1
14	停车场 14	YHX 路与 JY 大道东北侧	公共桩	15	15	800	GW01 线 GW02 线	规划 90 号
15	停车场 15	YHX 路与 JY 大道东南侧	公共桩	8	7	630	GW03 线 GW04 线	规划 114 号
16	停车场 16	JY 大道与 SX 路东南侧	公共桩	8	7	630	GW01 线 GW02 线	规划 100 号
17	停车场 17	YD 数据中心北侧	公共桩	12	11	630	MGB055 线 YBB063 线	BH 小学

3. 投资情况

本次电动汽车充电设施接入规划投资情况如表 7－5 所示，接入点见图 7－4，其中仅包含充电桩部分投资，环网室投资已计入 2018～2022 年工程中。本次电动汽车充电设施部分共需投资 1235.5 万元，其中快充投资 1025.5 万元，慢充投资 210 万元。

表 7－5　　　　　　BH 新城电动汽车充电设施估算表

投资项目汇总	单位	单价（万元）	数量（个）	总价（万元）
80kW 充电桩	台	3.5	293	1025.5
7kW 充电桩	台	0.75	280	210
合计	—	—	—	1235.5

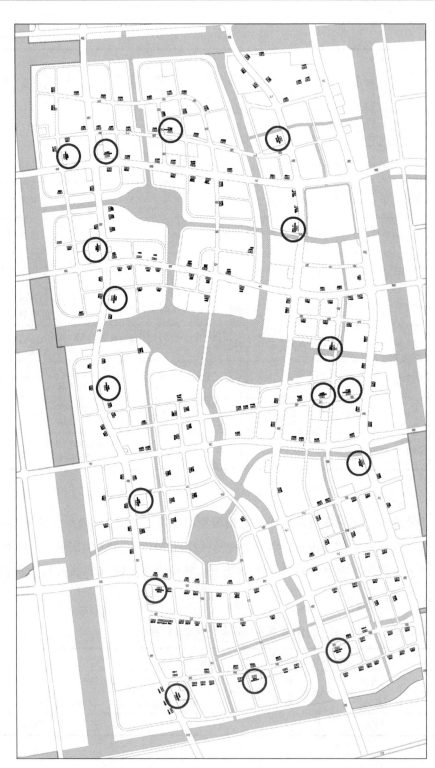

图 7-4 电动汽车充电桩接入站点

7.4　储 能 设 施 规 划

电能储存的形式可分为 4 大类，包括机械储能（如抽水蓄能、压缩空气储能、飞轮储能等）、化学储能（如钠硫电池、液流电池、铅酸电池、锂离子电池等电化学储能和氢及其他化学物的化学类储能）、电磁储能（如超导电磁储能、超级电容器等）和相变储能（熔融盐等）。具体来说，每种储能方式均有其主要特点及运行特性，为不同环境下的储能应用需求提供了多种选择。下面对现阶段应用较为广泛的化学储能进行简单介绍。

7.4.1　化学储能简介

化学储能的实质就是化学物质发生化学反应，且反应是可逆的。通过发生化学反应来储存或者释放电能量的过程即为电化学储能。根据化学物质的不同可以分为铅酸电池、液流电池、钠硫电池、锂离子电池等，常见的各类电化学储能技术参数如表 7−6 所示，包括各类电化学储能技术的能量成本、循环寿命、环保特性、储能密度等。

表 7−6　　　　　　　　　电化学储能技术参数比较表

电能存储技术	技术成熟度	能量密度 （Wh/kg）	功率密度 （W/kg）	能量转换效率 （%）	循环次数 （次）	启动时间	能量成本 （元/kWh）
钒液流电池	示范	7～15	10～50	70～80	10 000～ 15 000	m 级	4000～4500
锌溴液流电池	示范	65	100～500	70～80	5000	m 级	2500～3500
钠硫电池	示范	100～150	15～20	80～90	4500	ms 级	2200～2300
铅酸电池	商用	25～50	<150	70～85	500～1500	<1s	500～1000
铅炭电池	示范，商用	40～60	300～400	70～90	1000～4500	<1s	800～1200
锂离子电池 （磷酸铁锂）	示范，商用	120～150	300～400	90～95	3000～6000	<1s	1600～2800
锂离子电池 （钛酸锂）	示范	80～110	1000～2000	>95	10 000～ 15 000	<1s	5000～6000
锂离子电池 （三元）	示范，商用	180～240	1000～2000	90～95	3000～6000	ms 级	2500～3500

其中技术相对成熟、程度较高、应用较为广泛的电池类型，主要为铅蓄电池和锂离子电池。

铅蓄电池包括铅酸电池和铅炭电池。铅蓄电池的优点是：安全性优异，电解液为水体系，不会发生自燃烧；度电成本低。铅蓄电池的缺点是：倍率特性差，适用于 <0.3C 倍率下充放电，高于 0.5C 以上应用场景适应性差；腐蚀性高及环境友好性差，高浓度硫酸电解液腐蚀性强，铅的使用对环境污染性强。其中，铅碳电池综合性能优于铅酸电池。

锂离子电池包括磷酸铁锂电池、钛酸锂电池和三元（镍钴锰或镍钴铝）锂电池。锂离子电池的优点是综合技术特性优异，能量密度、功率响应、产业化水平、能量转换效率等综合特性突出，适用场景广泛。锂离子电池的缺点是安全性待验证，有机电解液高温遇空气燃烧反应剧烈；成本相对较高，但随着产业的发展近年来已有大幅下降。

7.4.2 储能设施运用

配网侧削峰填谷应用场景，对储能电池的充放电速度要求较低，时间尺度通常为小时级，但对储能电池的存储能量要求较高，应配置能量型的储能电池。客户侧低储高发以及电动汽车规模化发展以后的负荷特性改善问题，与配网侧削峰填谷应用场景类似。按目前的电池技术水平而言，建议考虑铅蓄电池和锂离子电池。

可再生能源消纳的应用场景主要需要储能在光伏存在倒送时将多余的能量进行储存，对储能电池的存储能量有较高的要求，所以应根据可再生能源出力的波动幅度和波动规律，配置能量型的储能电池，建议考虑铅蓄电池和锂离子电池。

针对用户各规模下的需求侧响应，以及光伏设施出力分析，各场景均需要能量型电池，将铅炭电池和磷酸铁锂电池两种作为储能系统的备选电池，分别开展储能方案的配置计算和经济性比选。铅碳电池和锂电池参数设置如表 7-7 所示。

< 172 >

表7-7　　　　　　　　　　　铅碳电池和锂电池参数设置

电站类型	铅碳电池	锂电池
电池单价（元/kWh）	1200	2800
电池充放电效率（%）	90	95
放电深度（Depth of Discharge，DOD）（%）	80	90
电池使用循环次数	4500	6000
电池运行年限（年）	12	16
电池残值（%）	15	0

储能的典型应用场景包括削峰填谷、辅助调频、安全可靠性提升、清洁能源消纳等。从用户特点以及配电网的研究目的出发，本次工作重点在于削峰填谷应用场景。以不同的储能目的为依据，制定不同储能应用策略，分别储能功率与容量配置规模，并分析储能接入后的时序特性改善效果，具体见效果见图7-5。

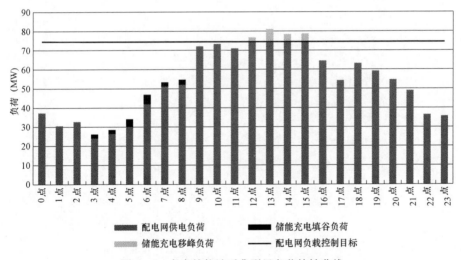

图7-5　考虑储能站后典型日负荷特性曲线

（1）作用一：以"削峰填谷"为手段，以不增加配电网规划变电站为目的，在负荷低谷时刻进行充电，在负荷高峰负荷时刻进行放电，着重削减高峰负荷时刻负荷，从而优化地区负荷特性，减少电网建设需求。

以典型日负荷曲线为依据，按照地区容载比1.6的水平进行储能配置容量优化计算。在不增加配电网规划变电站目标年变电站布点的前提下，规划区域应当部署铅碳电池，部署位置在变电站母线侧。

（2）方案二：以"低储高发"为目的，在低谷电价时刻进行充电，放电时段均优先放电至尖峰电价时刻，然后再放电至高峰电价时刻，赚取峰谷电价差。

根据峰谷电价以及投资规模需求的分析，建设电化学储能电站的投资效益较差，常年处于亏损状态，因此目前不建议建设储能电站。但随着储能技术的快速发展，储能电池的价格肯定会大幅下滑。待储能电站建设价格下降到一定程度时，可考虑通过储能电站替代电网建设。

第8章

典 型 案 例

8.1　A 类 区 域 典 型 案 例

8.1.1　网格概况及负荷发展情况

1. 网格概况

KY 分区 BH 网格（SBSX–KY–03A）位于 SX 市 KQ 区城市核心区，由 QT 公路、YZ 大道、G 国道、JS 路、SD 江围合而成，规划范围面积 6.14km²，其中供电面积 4.46km²。目前该网格用地性质以商业、居住用地为主，GZ 路以北区域已基本发展成熟，以南区域处于快速发展阶段。网格内建成面积约为 3.21km²，占总面积的 71.97%，在建面积为 0.51km²，占总面积的 11.43%，待建面积约 0.74km²，占总面积的 16.6%。2019 年网格内总负荷为 47.74MW，负荷密度为 10.70MW/km²。

本次供电单元划分综合考虑 BH 网格内 QT 公路、QX 路、DB 河等主干道路，在供电网格基础上共计划分供电单元 5 个，具体划分结果如表 8–1 所示。KY 分区 BH 网格中 001 单元和 002 单元为成熟区，003 单元为基本成熟区，其余单元均为快速发展区供电单元划分情况如图 8–1 所示。

表 8–1　　　　　　　　　　BH 网 格 单 元 划 分 表

序号	供电单元编号	供电单元名称	发展阶段	供电面积（km²）
1	SBSX–KY–03A–001–D2/A1	KY 分区 BH 网格 01 单元	成熟区	0.91
2	SBSX–KY–03A–002–D2/A1	KY 分区 BH 网格 02 单元	成熟区	0.97

续表

序号	供电单元编号	供电单元名称	发展阶段	供电面积（km²）
3	SBSX‑KY‑03A‑003‑D2/A2	KY 分区 BH 网格 03 单元	基本成熟	0.54
4	SBSX‑KY‑03A‑004‑D2/A2	KY 分区 BH 网格 04 单元	快速发展	1.1
5	SBSX‑KY‑03A‑005‑D2/A2	KY 分区 BH 网格 05 单元	快速发展	0.94
合计				4.46

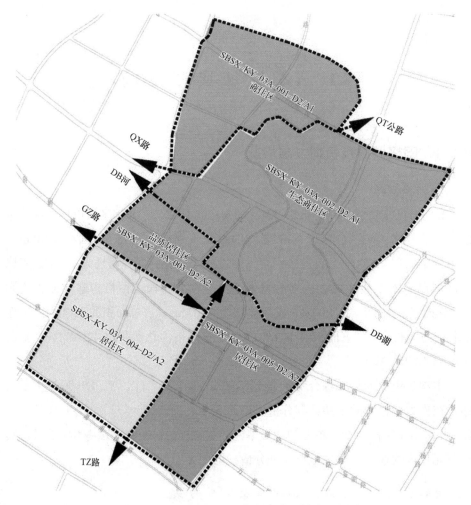

图 8‑1　KY 分区 BH 网格供电单元划分示意图

2. 负荷预测

（1）远期负荷预测。根据负荷预测结果，KY 分区 BH 网格远期年负荷在

77.64～104.95MW 之间。中方案预测远期负荷为 91.34MW，负荷密度为 20.48MW/km²，各用电地块负荷预测结果如图 8-2 所示。

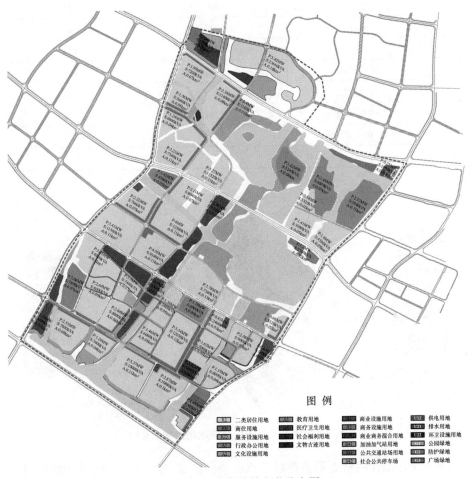

图 8-2　远期各地块负荷分布图

（2）近期负荷预测。西部现已建成 XZ 安置小区、金地自在城等小区，东部现已建成教育居住园区。

KY 分区 BH 网格近期已知新增用户 9 个，报装容量共计 61 500kVA，用户具体信息详见表 8-2，用户具体位置详见图 8-3。

表 8-2   KY 分区 BH 网格近期用户接入需求清单

序号	用户名称	报装容量（kVA）	投产时间
1	元垄尚都会	6000	2020
2	金地湖城大境	6500	2020
3	宝业	9000	2022
4	金昌	5000	2022
5	万科	6000	2022
6	恒宇锦园	7000	2022
7	投醪 2 号	8000	2022
8	KY-03-01 地块	8000	2022
9	KY-03-02 地块	8000	2022
合计		61 500	—

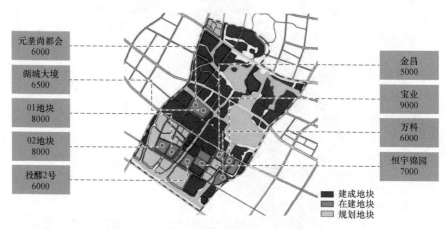

图 8-3 KY 分区 BH 网格地块开发示意图

  KY 分区 BH 网格近期负荷增长点主要由两部分组成：一部分是现状已有负荷的自然增长，另一部分是近期开发区块的负荷增长。因此，采用"自然增长+大用户"法预测近中期负荷，结合区域定位及发展情况，KY 分区 BH 网格负荷自然增长率取 4%。

  网格近期负荷预测见表 8-3。预计至 2022 年，该网格负荷达到 58.11MW，负荷密度为 13.03MW/km²。其中 003、004 和 005 单元负荷增长较快。

< 178 >

表 8-3　　　　　　　　　　网 格 近 期 负 荷 预 测　　　　　　　　　（MW）

序号	单元名称	负荷类别	2019 年负荷	2020 年负荷	2021 年负荷	2022 年负荷
1	SBSX-KY-03-001-D2/A2	自然增长负荷	13.29	13.82	14.37	14.94
		大用户负荷	0	0	0	0
		总负荷	13.29	13.82	14.37	14.94
2	SBSX-KY-03-002-D2/A1	自然增长负荷	10.63	11.06	11.5	11.96
		大用户负荷	0	0	0	0
		总负荷	10.63	11.06	11.5	11.96
3	SBSX-KY-03-003-D2/A2	自然增长负荷	6.35	6.54	6.67	6.8
		大用户负荷	0	0.53	1.1	1.88
		总负荷	6.35	7.07	7.77	8.68
4	SBSX-KY-03-004-D2/A2	自然增长负荷	7.83	8.14	8.47	8.81
		大用户负荷	0	0	0	1.48
		总负荷	7.83	8.14	8.47	10.29
5	SBSX-KY-03-005-D2/A2	自然增长负荷	9.64	10.03	10.43	10.85
		大用户负荷	0	0	0	1.39
		总负荷	9.64	10.03	10.43	12.24
	合计	自然增长负荷	47.74	49.59	51.44	53.36
		大用户负荷	0	0.53	1.1	4.75
		总负荷	47.74	50.12	52.54	58.11

（3）负荷预测结果。KY 分区 BH 网格 2019 年负荷约为 47.74MW，2022 年负荷约为 58.11MW，远期年负荷约为 91.34MW。过渡年及远期年网格负荷预测结果见表 8-4。

表 8-4　　　　　　　过渡年及远期年网格负荷预测结果

序号	单元名称	2019 年（MW）	2020 年（MW）	2021 年（MW）	2022 年（MW）	2025 年（MW）	"十四五"年均增长率（%）	远期年
1	SBSX-KY-03A-001-D2/A1	13.29	13.82	14.37	14.94	16.33	3.39	21.33
2	SBSX-KY-03A-002-D2/A1	10.63	11.06	11.5	11.96	13.33	3.8	16.34
3	SBSX-KY-03A-003-D2/A2	6.35	7.07	7.77	8.68	9.32	5.68	11.5
4	SBSX-KY-03A-004-D2/A2	7.83	8.14	8.47	10.29	16.99	15.85	23.33
5	SBSX-KY-03A-005-D2/A2	9.64	10.03	10.43	12.24	15.7	9.38	18.84
	合计	47.74	50.12	52.54	58.11	71.67	7.42	91.34

8.1.2 网格现状分析

BH 网格内共有 10kV 线路 25 回，其中公用线路 24 回，专线 1 回；架空线路 27.55km，电缆线路 86.5km（其中网格内电缆线路 45.49km）；公用配电变压器 262 台，容量 160.46MVA；专用配电变压器 159 台，容量 89.84MVA；环网室 30 座，环网箱 5 座。BH 网格 10kV 电网基本信息表见表 8−5。

表 8−5　　　　　　　　　　　BH 网格 10kV 电网基本信息表

序号	指标		数值
1	供区类型		A
2	线路总条数（条）		25
3	公用线路条数（条）		24
4	专用线路条数（条）		1
5	环网室（座）		30
6	环网箱（座）		5
7	配电变压器	台数	421
8		容量（MVA）	250.3
9	公用变压器	台数	262
10		容量（MVA）	160.46
11	专用变压器	台数	159
12		容量（MVA）	89.84
13	线路长度	架空线（km）	27.55
14		电缆线（km）	86.5（网格内 45.49）
15	平均供电半径（km）		1.97
16	线路电缆化率（%）		75.84（网格内 62.28）
17	线路绝缘化率（%）		100
18	线路联络率（%）		100
19	线路"N−1"通过率（%）		100
20	线路平均配电变压器装接容量（kVA）		11 377
21	线路最大负载率平均值（%）		35.15

经统计分析，BH 网格在网架结构、运行情况、装备水平等方面存在问题线路 22 条，网格问题汇总情况及问题线路详情见表 8−6。

表 8-6　　　　　　　　　　　　BH 网格线路问题清单

序号	线路名称	问题分类								
		所属变电站	重载	轻载	同站联络	供电半径超标	线路装接配电变压器容量>12MVA	非标准接线	分段不合理	设备缺陷
1	ZX 4910 线	HX 变电站				✓	✓	✓		✓
2	GS 4935 线	HX 变电站						✓		
3	SY 4904 线	HX 变电站						✓	✓	
4	ZG 4929 线	HX 变电站						✓	✓	
5	WH 4901 线	HX 变电站		✓	✓					
6	HJ 4934 线	HX 变电站	✓			✓	✓	✓		
7	SL 4917 线	HX 变电站	✓					✓		
8	BQ 4919 线	HX 变电站					✓	✓		
9	BH 4924 线	HX 变电站						✓		
10	SS B802 线	SF 变电站						✓		
11	XZ B827 线	SF 变电站					✓	✓		✓
12	QT B804 线	SF 变电站					✓	✓	✓	
13	DB B803 线	BH 变电站			✓			✓		
14	BM B015 线	BH 变电站					✓	✓	✓	
15	HQ B030 线	BH 变电站					✓			
16	BX B027 线	BH 变电站						✓		
17	BY B008 线	BH 变电站					✓	✓		
18	HB4912 线	HX 变电站		✓	✓			✓		
19	HL4916 线	HX 变电站		✓	✓			✓		
20	HZ4928 线	HX 变电站		✓			✓			
21	HA4908 线	HX 变电站					✓			
22	BDB024 线	BH 变电站		✓						

8.1.3　目标网架规划

至远期年，KY 分区 BH 网格 10kV 公用线路负荷预计达到 96.6MW 左右，规划 10kV 线路 32 条，形成 8 组标准电缆双环网为其供电，平均每条线路负荷 3.02MW，10kV 线路平均负载率 36.75%左右，可满足网格以及各供电单元负荷需求，同时还为负荷增长超出预期留有适量裕度。各单元目标网架建设情况见表8-7,地理接线示意以及拓扑见图8-4和图8-5。

表8-7 　　　　　　KY分区BH网格各单元目标网架信息一览表

序号	供电单元名称	供电面积(km²)	公用线路负荷(MW)	标准接线组数(组)	接线方式	10kV馈线数量(条)	平均单条线路供电负荷(MW)	线路平均负载率(%)
1	SBSX-KY-03A-001-D2/A1	0.91	23.7	2	双环网	8	2.96	39.32
2	SBSX-KY-03A-002-D2/A1	0.97	13.28	1	双环网	4	3.32	33.67
3	SBSX-KY-03A-003-D2/A2	0.54	12.78	1	双环网	4	3.2	32.45
4	SBSX-KY-03A-004-D2/A2	1.1	25.92	2	双环网	8	3.24	39.43
5	SBSX-KY-03A-005-D2/A2	0.94	20.93	2	双环网	8	2.62	31.88
合计	—	4.46	96.6	8	双环网	32	3.02	36.75

注　002单元不计专线负荷4.88MW。

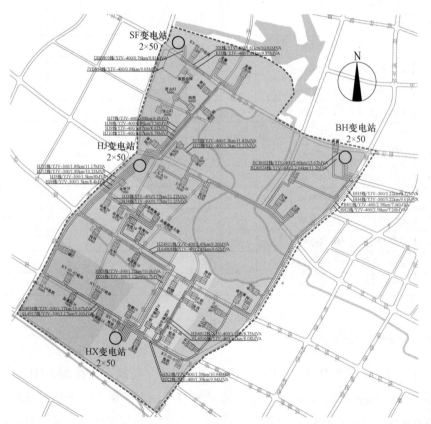

图8-4　KY分区BH网格远景年10kV地理接线示意图(填充为各组双环网供电范围)

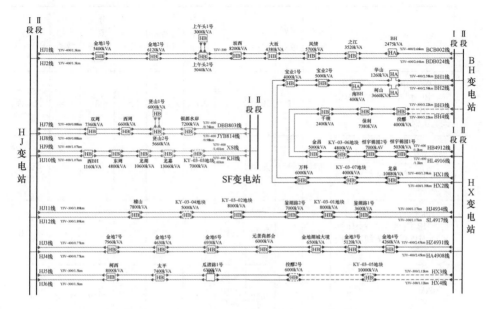

图 8-5　KY 分区 BH 网格远期年 10kV 拓扑图

8.1.4　中压配电网近期项目需求

1. 分年度建设重点

2020 年，KY 分区 BH 网格配电网项目重点满足用户接入、优化完善 002、003 单元网架、解决重载线路、老旧设备等问题。2021 年，重点优化完善 001 单元网架，构建两组电缆双环网，形成目标网架。2022 年，重点优化完善 004、005 单元网架结构，并实施架空入地改造，提升供电可靠性。

2. 建设汇总

2020～2022 年 KY 分区 BH 网格重点解决线路重过载、供电范围不合理、网架结构不标准、老旧设备等问题，共计安排项目 8 项，包括网架优化完善和配变增容布点工程。公司需新建主干电缆线路 19.94km，新建环网箱 1 座，新建分支电缆线路 3.74km，分支架空线路 0.16km，低压电缆线路 0.065km，共计投资 2059.87 万元，见表 8-8。

表 8-8 KY 分区 BH 网格 2020~2022 年项目需求一览表

序号	工程名称	重要程度	所属单元	实施年份	项目需求类型	主干电缆线路（km）	环网箱（台）	分支电缆线路（km）	分支架空线路（km）	低压电缆线路（km）	总投资（万元）
1	110kV BH 变 10kV BD 线、BC 线与 110kV HJ 变 10kV HJ1 线、HJ2 线双环网改造工程	重大	2	2020	网架优化完善	2.14	1	0.52	0	0	244.89
2	110kV HX 变 10kV HZ 线、HA 线与 110kV HJ 变 10kV HJ3 线、HJ4 线双环网改造工程	重大	3	2020	网架优化完善	0.96	0	0	0	0	94.58
3	110kV HX 变 10kV HL 线、HB 线与 110kV HJ 变 10kV HJ5 线、HJ6 线双环网改造工程	重大	4	2020	网架优化完善	5.14	0	0.32	0	0	469.8
4	10kV TD 8 号、亭西 8 号配电变压器布点工程	重要	4	2020	配电变压器布点	0	0	0	0.16	0.065	11.3
5	110kV SF 变 10kV DB 线、JY 线与 110kV HJ 变 10kV HJ7 线、HJ8 线双环网改造工程	重大	1	2021	网架优化完善	1.38	0	0	0	0	174.58
6	110kV SF 变 10kV XS 线、KH 线与 110kV HJ 变 10kV HJ9 线、HJ10 线双环网改造工程	重大	1	2021	网架优化完善	5.16	0	0.3	0	0	548.87
7	110kV HX 变 10kV HX1 线、HX2 线与 110kV BH 变 10kV BH1 线、BH2 线双环网改造工程	重大	5	2022	网架优化完善	3.395	0	0	0	0	337.81
8	110kV HX 变 10kV HJ 线、SL 线与 110kV HJ 变 10kV HJ11 线、HJ12 线双环网改造工程	重大	4	2022	网架优化完善	1.76	0	2.6	0	0	178.04
	合计					19.935	1	3.74	0.16	0.065	2059.87

3. 工程方案示例

（1）10kV 工程示例。

项目名称：110kV BH 变 10kV BD 线、BC 线与 110kV HJ 变 10kV HJ1 线、

< 184 >

HJ2 线双环网改造工程

建设必要性：

（1）金地 2 号环网室上级电源点来自 HJ4934 线，HJ4934 线 2019 年最大负荷为 06MW，最大负载率为 76.87%，属于重载运行。

（2）现状 BCB002 线、BDB024 线通过架空线路首端联络，再接入之江环网室，网架非标，不能有效配置自动化，供电可靠率有待提升。

（3）现状风情环网室、大坂环网室、金地 1# 环网室电源点来自区外，属于跨网格供电。

（4）现状大坂、风情、之江、金地、上午头等环网室虽装设了 DTU，但未实现光纤通信。

（5）根据规划，该网格目标网架为电缆双环网接线模式，为提高环网室的转供能力和提升可靠性，缓解线路重载情况，满足智能配电网的发展需要，保障城市基础设施的建设和居民的安全优质用电，同时完成配电自动化的实现。因此有必要实施本次双环网改造工程。

建设方案：

（1）从 110kV HJ 变新出两根电缆接入金地 1 号环网室。

（2）从上午头 2 号环网室新出两根电缆向东接入坂西环网室。

（3）将原坂西环网室至之江环网室两根电缆开环接入风情环网室、大坂环网室，之江环网室原接电于 BD 线、BC 线架空线路，现将两根电缆一根与 BD 线出线电缆对接，另一根通过新设 BH 环网箱接至 BCB002 线出线电缆，将 BCB002 线 4 号杆原有负荷备供接至 BH 环网箱，将 BMB015 线 2 号杆城投路灯改接至 BH 环网箱，为日后 BMB015 线入地准备。

（4）从上午头 2 号环网室新出一根电缆对接入 GS 配电室（400kVA）。

可行性分析：经与现状管沟情况比对，目前沿线无电缆管沟，需新建 9 孔，长度约 0.35km，已列入政府计划，能够在项目实施前完成管沟建设，具备较强可行性。

建设成效：

（1）项目完成后 HJ4934 线大约 10 320kVA 装接容量改接至 BD 线、BC 线——HJ1 线、HJ2 线双环网，改造后负载约 39.45%。

（2）项目完成后 BD B024 线负载率约为 36.58%，解决 BD B024 线轻载问题。

（3）项目完成后110kV BH变10kV BC线、BD线与110kV HJ变10kV HJ1线、HJ2线组成一组电缆双环网，提高供电可靠性，与目标网架一致。

实施年份： 2020年。

项目1实施前后地理接线示意图和拓扑图见图8-6～图8-9。

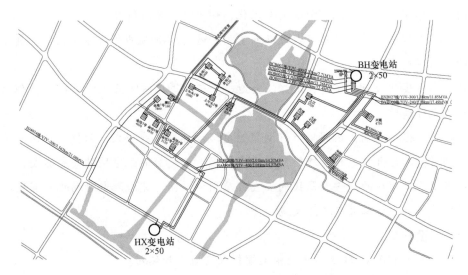

图8-6　项目1实施前地理接线示意图

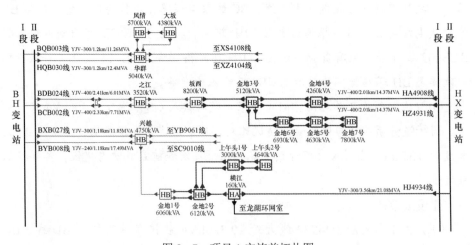

图8-7　项目1实施前拓扑图

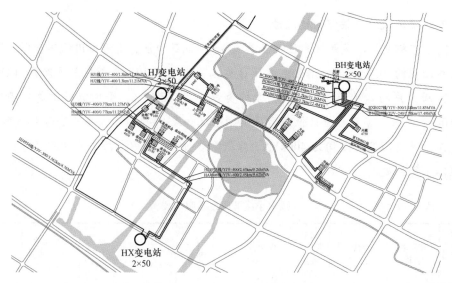

图 8-8　项目 1 实施后地理接线图

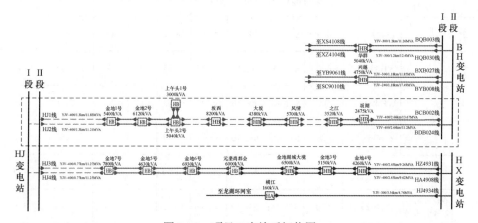

图 8-9　项目 1 实施后拓扑图

（2）0.4kV 工程示例。

项目名称： 10kV 亭东 8 号、亭西 8 号配电变压器布点工程

建设重点： 针对 BH 网格存在 2 个重载（亭西 2 号变压器、亭东 1 号变压器）、1 个三相不平衡台区（亭西 2 号变压器），安排增容布点项目，解决重载、三相不平衡问题，改善供电质量，提高供电能力。

存在问题： 两个问题台区分别位于亭东棚户区、亭西棚户区，区域内 10kV供电电源点为 110kV HX 变电站 10kV WH4901 线、110kV SF 变 10kV ZG4929线、XZB827 线。政府近期有拆迁计划，但时间尚未明确，为避免重复投资，暂不对该区域进行架空入地改造。

亭东棚户区、亭西棚户区现状共有 16 个低压台区，均为公用低压台区，供电总面积约 0.5km²，公用配电变压器总容量为 6860kVA，低压居民客户 1217户，居民户均容量为 5.63kVA，平均负载率为 48.68%，平均低压供电半径为140m。亭东、亭西棚户区低压台区明细情况如表 8-9 所示。亭西 2 号变压器、亭东 1 号变压器容量均为 400kVA，存在重载预警，其中亭西 2 号变压器存在三相不平衡问题。

表 8-9　　　　　　　　　　　双亭小区低压台区明细表

序号	变压器名称	所属线路	配电变压器容量（kVA）	配电变压器型号	年最大负荷（kW）	最大负载率（%）	投运年限	低压用户数（户）	户均配电变压器容量（kVA/户）	低压供电半径（m）
1	亭东 6 号变压器	XZB827 线	400	S11-M-400/10	168.31	42.08	2	87	4.6	145
2	亭东 7 号变压器	ZG4929 线	400	S11-M-400/10	153.67	38.42	2	43	9.3	137
3	亭西 7 号变压器	WH4901 线	400	S11-M-400/10	142.53	35.63	2	52	7.69	140
4	亭西 3 号变压器	WH4901 线	400	S11-M-400/10	162.11	40.53	1	70	5.71	145
5	双亭小区 1 号变压器	ZG4929 线	630	S11-M-630/10	82.96	13.17	8	92	6.85	136
6	亭西 6 号变压器	WH4901 线	400	S11-M-400/10	246.37	61.59	8	85	4.71	145
7	双亭小区 2 号变压器	ZG4929 线	630	S11-M-630/10	102.16	16.22	8	88	7.16	140
8	亭西 2 号变压器	WH4901 线	400	S11-M-400/10	294.4	73.6	3	109	3.67	140
9	亭东 4 号变压器	ZG4929 线	400	S11-M-400/10	224.55	56.14	7	129	3.1	140
10	亭西 1 号变压器	XZB827 线	400	S11-M-400/10	198.8	49.7	7	78	5.13	137
11	亭东 5 号变压器	ZG4929 线	400	S11-M-400/10	231.27	57.82	7	81	4.94	140
12	亭东 2 号变压器	ZG4929 线	400	S11-M-400/10	225.95	56.49	7	75	5.33	139
13	亭西 4 号变压器	WH4901 线	400	S11-M-400/10	279.65	69.91	7	91	4.4	144

续表

序号	变压器名称	所属线路	配电变压器容量（kVA）	配电变压器型号	年最大负荷（kW）	最大负载率（%）	投运年限	低压用户数（户）	户均配电变压器容量（kVA/户）	低压供电半径（m）
14	亭东1号变压器	ZG4929线	400	S11-M-400/10	311.65	77.91	7	95	4.21	141
15	亭东3号变压器	XZB827线	400	S11-M-400/10	196.17	49.04	7	62	6.45	137
16	亭西5号变压器	XZB827线	400	S11-M-400/10	202.63	50.66	5	48	8.33	137

改造方案：新增 2 台 S11-M-200/10 柱上变压器（仓库设备利旧），转接亭西 2 号变压器、亭东 1 号变压器部分负荷，解决亭西 2 号变压器、亭东 1 号变压器重载预警和亭西 2 号变压器三相不平衡问题。具体改造方案如图 8-10～图 8-13 所示。

建设成效：项目完成后，亭西 2 号变压器、亭东 1 号变压器负载率预计降低至 50%左右，户均配电变压器容量分别提升至 5.5、6.3kVA/户，供电半径分别降低至 95、102m，解决重载预警和三相不平衡问题。低压台区建设成效如表 8-10 所示。

表8-10　　　　　　　　低 压 台 区 建 设 成 效

序号	配电变压器名称	阶段	配电变压器容量（kVA）	户数	户均容量（kVA 户）	配电变压器最大负载率（%）	供电半径（m）	备注
1	亭西2号变压器	改造前	400	109	3.67	73.60	140	
		改造后	400	74	5.41	49.21	95	
	亭西8号变压器	改造后	200	35	5.71	48.78	89	新设 200kVA 配电变压器
2	亭东1号变压器	改造前	400	95	4.21	77.91	141	
		改造后	400	62	6.45	51.97	79	
	亭东8号变压器	改造后	200	33	6.06	51.89	71	新设 200kVA 配电变压器

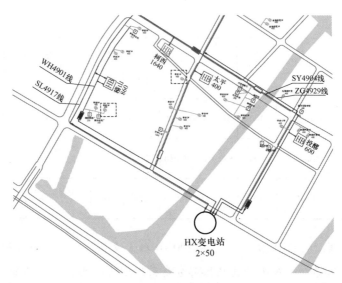

图 8-10　现状低压台区示意图（图中虚线框中为重载配电变压器）

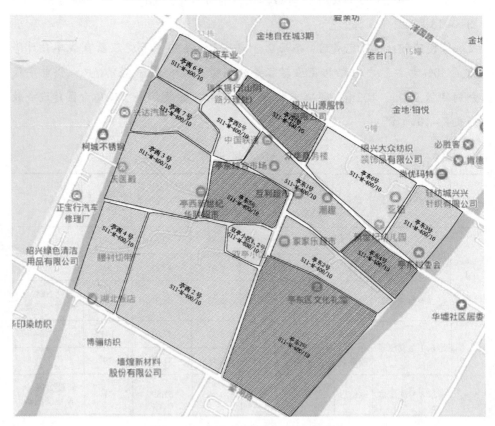

图 8-11　改造前低压台区供区示意图

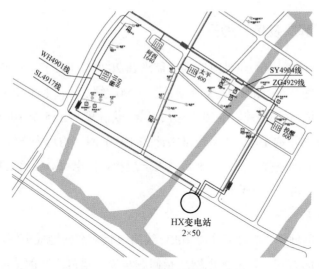

图 8-12　改造后低压台区示意图

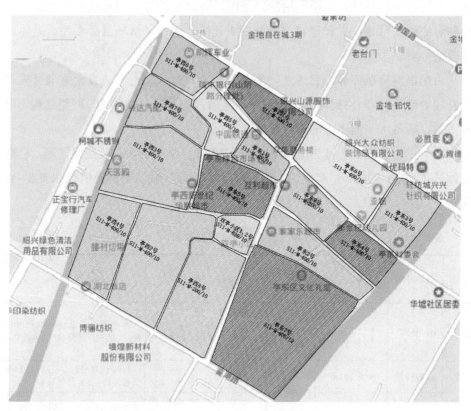

图 8-13　改造后低压台区供区示意图

8.1.5 问题解决及指标提升

本次 BH 网格配电网建设改造项目需求在 2020～2022 年共提出 8 个项目，其中网架类项目 7 个。通过这 8 个项目的实施，解决了 2 回重载线路、6 回轻载线路、4 回同站联络线路、18 回非标接线等，优化腾出了 5 个 10kV 出线间隔。至 2022 年 BH 网格内 10kV 公用线路共计 28 回，配网结构均为电缆双环网接线，网架结构变得更加坚强，设备水平将更上一层楼，供电可靠性将实现本质提升，服务用户能力将再上一个台阶。

1. 问题解决情况

根据配电网问题库，对网格内 10kV 线路现状存在问题提出解决方案，采用图表等可视化的方式，建立配电网现状问题与项目措施之间的关联关系，直观明了地展示现状问题在近中期的解决情况，同时也能通过项目编号索引快速链接到对应的项目建议书和建设改造前后对比图，迅速了解项目必要性、具体建设改造方案。

由配电网问题库和项目库之间的关联关系，形成配电网建设改造项目需求提升成效库。BH 网格配电网问题清单对应解决方案从供电能力、网架结构、电能质量、装备水平四个方面进行分析。

（1）供电能力。通过 2020 年建设改造方案，全面解决重载线路问题，轻载线路通过 2020～2022 年网架建设逐步消除，重（轻）载线路解决情况如表 8-11 所示。

表 8-11　　　　　　　　　重（轻）载线路解决情况

序号	线路名称	所属单元	2019 年负载率（%）	问题解决年份	问题解决方案	问题解决情况
1	HJ4934 线	3	76.87	2020	110kV BH 变 10kV BD 线、BC 线与 110kV HJ 变 10kV HJ1 线、HJ2 线双环网改造工程	将金地小区负荷转切至 BD 线、BC 线，降低 HJ 线负载率
2	SL4917 线	3	81.67	2020	网格外项目	110kV HJ 变新出线路切 SL 线负荷，降低 SL 线负载率
3	WH4901 线	4	16.71	2022	110kV HX 变 10kV HJ 线、SL 线与 110kV HJ 变 10kV HJ11 线、HJ12 线双环网改造工程	WH4901 线负荷转接至 JS 环网室和 KX 环网室，WH4901 线退出运行

续表

序号	线路名称	所属单元	2019年负载率（%）	问题解决年份	问题解决方案	问题解决情况
4	DBB803线	1	0	2021	110kV SF 变 10kV DB 线、JY 线与 110kV HJ 变 10kV HJ7 线、HJ8 线双环网改造工程	DB 线、JY 线与 HJ3 线、HJ4 线构建一组电缆双环网，DB 线为银都水岸、贤山等小区供电，负载率将趋于正常
5	HB4912线	5	2.1	2020	110kV HX 变 10kV HL 线、HB 线与 110kV HJ 变 10kV HJ5 线、HJ6 线双环网改造工程	HL 线、HB 线与 HJ5 线、HJ6 线构建一组电缆双环网，HB 线上新增千梭、投醪环网室负荷
6	HL4916线	5	11.12	2020	110kV HX 变 10kV HL 线、HB 线与 110kV HJ 变 10kV HJ5 线、HJ6 线双环网改造工程	HL 线、HB 线与 HJ5 线、HJ6 线构建一组电缆双环网，HL 线上新增千梭、投醪环网室负荷
7	HZ4928线	3	15.65	2020	调整运行方式	HZ4928 线、HA4908 线为双环网接线，主供金地小区，因原 HX 变 I、II 段母线负荷不平衡，大部分负荷由 HA4908 线承担，现母线已基本平衡，可调整运行方式解决线路轻载问题
8	BDB024线	2	15.18	2020	110kV BH 变 10kV BD 线、BC 线与 110kV HJ 变 10kV HJ1 线、HJ2 线双环网改造工程	BD 线、BC 线与 HJ1 线、HJ2 线构建一组电缆双环网，BDB024 线新增大坂、风情环网室负荷

（2）网架结构。

1）同站联络线路解决情况。通过 2020～2022 年建设改造方案，网格内建成 7 组电缆双环网，消除同站联络线路。同站联络线路解决明细如表 8-12 所示。

表 8-12　　　　　　　　同站联络线路解决情况

序号	线路名称	典型日线路负荷（MW）	联络线路	问题解决年份	问题解决方案	问题解决情况
1	WH4901线	1.07	ZG4929线	2022	110kV HX 变 10kV HJ 线、SL 线与 110kV HJ 变 10kV HJ11 线、HJ12 线双环网改造工程	退运 WH 线
2	DBB803线	0	SSB802线	2021	110kV SF 变 10kV DB 线、JY 线与 110kV HJ 变 10kV HJ7 线、HJ8 线双环网改造工程	DB 线用户已经退运，2021 年利用 DB 线原电缆构建双环网
3	HB4912线	0.21	HL4916线	2020	110kV HX 变 10kV HL 线、HB 线与 110kV HJ 变新出 HJ5 线、HJ6 线双环网改造工程	HB 线、HL 线与 110kV HJ 变新出 HJ5 线、HJ6 线构建 1 组双环网网架结构，解决同站联络情况

续表

序号	线路名称	典型日线路负荷（MW）	联络线路	问题解决年份	问题解决方案	问题解决情况
4	HL4916 线	1.1	HB4912 线	2020	110kV HX 变 10kV HL 线、HB 线与 110kV HJ 变 10kV HJ5 线、HJ6 线双环网改造工程	HB 线、HL 线与 110kV HJ 变新出 HJ5 线、HJ6 线构建 1 组双环网网架结构，解决同站联络情况

2）非标准接线线路解决情况。通过 2020～2022 年建设改造方案，网格内建成 7 组电缆双环网，均为标准接线。非标准接线线路解决明细如表 8-13 所示。

表 8-13 非标准接线线路解决情况

序号	线路名称	联络线路	问题解决年份	问题解决方案	问题解决情况
1	ZX4910 线	GS4935 线、LS4327 线、LM4310 线、QTB804 线、SY4904 线	2022	110kV HX 变 10kV HX1 线、HX2 线与 110kV BH 变 10kV BH1 线、BH2 线双环网改造工程	HX1 线、HX2 线与 BH1 线、BH2 线构建联络，转切网格内用户。ZX 线、GS 线成为区外线路，与 LS 线、LM 线构建双环网为网格外用户供电，保证网格独立供电
2	GS4935 线	ZX4910 线、LS4327 线、LM4310 线、QTB804 线	2022	110kV HX 变 10kV HX1 线、HX2 线与 110kV BH 变 10kV BH1 线、BH2 线双环网改造工程	HX1 线、HX2 线与 BH1 线、BH2 线构建联络，转切网格内用户。ZX 线、GS 线成为区外线路，与 LS 线、LM 线构建双环网为网格外用户供电，保证网格独立供电
3	SY4904 线	ZX4910 线、XZB827 线	2022	110kV HX 变 10kV HL 线、HB 线与 110kV HJ 变 10kV HJ5 线、HJ6 线双环网改造工程	SY4904 线负荷转接至投醪环网室，SY4904 线退出运行
4	ZG4929 线	WH4901 线、SSB802 线	2020	110kV HX 变 10kV HL 线、HB 线与 110kV HJ 变 10kV HJ5 线、HJ6 线双环网改造工程	ZG4929 线负荷转接至太平环网室和上午头 2 号环网室，ZG4929 线退出运行
5	WH4901 线	ZG4929 线、SL4917 线	2022	110kV HX 变 10kV HJ 线、SL 线与 110kV HJ 变 10kV HJ11 线、HJ12 线双环网改造工程	WH4901 线负荷转接至稽山环网室和柯西环网室，WH4901 线退出运行
6	HJ4934 线	BMB015 线、BXB027 线、BYB008 线	2022	110kV HX 变 10kV HJ 线、SL 线与 110kV HJ 变 10kV HJ11 线、HJ12 线双环网改造工程	HJ 线、SL 线与 HJ11 线、HJ12 线构建一组双环网
7	SL4917 线	WH4901 线、SSB802 线	2022	110kV HX 变 10kV HJ 线、SL 线与 110kV HJ 变 10kV HJ11 线、HJ12 线双环网改造工程	HJ 线、SL 线与 HJ11 线、HJ12 线构建一组双环网
8	BQ4919 线	HQB767 线	2022	110kV HX 变 10kV HJ 线、SL 线与 110kV HJ 变 10kV HJ11 线、HJ12 线双环网改造工程	BQ4919 线架空线路负荷转接至新建环网室接入电缆双环网，BQ4919 线退运

续表

序号	线路名称	联络线路	问题解决年份	问题解决方案	问题解决情况
9	BH4924 线	HBB748 线	2022	110kV HX 变 10kV HJ 线、SL 线与 110kV HJ 变 10kV HJ11 线、HJ12 线双环网改造工程	BH4924 线架空线路负荷转接至新建环网室环入电缆双环网，BH4924 线退运
10	SSB802 线	SL4917 线、ZG4929 线、DBB803 线	2022	网格外 HJ 变出线项目	网格内负荷改接至 HJ 线、SL 线与 HJ11 线、HJ12 线双环网，SSB802 线退出运行
11	XZB827 线	QTB804 线、SY4904 线	2022	110kV HX 变 10kV HL 线、HB 线与 110kV HJ 变 10kV HJ5 线、HJ6 线双环网改造工程	XZB827 线负荷转接至双周环网室、太平环网室，XZB827 线退出运行
12	QTB804 线	ZX4910 线、XZB827 线、BMB015 线	2021	110kV SF 变 10kV XS 线、KH 线与 110kV HJ 变 10kV HJ9 线、HJ10 线双环网改造工程	2021 年 001 单元构建两组电缆双环网，QTB804 线负荷全部转出，退出运行
13	DBB803 线	SSB802 线	2021	110kV SF 变 10kV DB 线、JY 线与 110kV HJ 变 10kV HJ7 线、HJ8 线双环网改造工程	DB 线、JY 线与 HJ3 线、HJ4 线构建一组电缆双环网
14	BMB015 线	QTB804 线、HJ4934 线	2021	110kV SF 变 10kV XS 线、KH 线与 110kV HJ 变 10kV HJ9 线、HJ10 线双环网改造工程	XS 线、KH 线与 HJ9 线、HJ10 线构建一组电缆双环网转接龙嘉、龙湖环网室负荷，城投路灯配电室转接至 BH 环网箱，BMB015 线负荷全部转出，退出运行
15	BXB027 线	BYB008 线、HJ4934 线、YB9061 线、SC9010 线	2020	110kV BH 变 10kV BD 线、BC 线与 110kV HJ 变 10kV HJ1 线、HJ2 线双环网改造工程	BD 线、BC 线与 HJ1 线、HJ2 线构建双环网转切金地 1 号环网室，通过负荷分割，保证网格独立供电。BX 线、BY 线成为网格外线路独立供电
16	BYB008 线	BXB027 线、HJ4934 线、YB9061 线、SC9010 线	2020	110kV BH 变 10kV BD 线、BC 线与 110kV HJ 变 10kV HJ1 线、HJ2 线双环网改造工程	BD 线、BC 线与 HJ1 线、HJ2 线构建双环网转切金地 1 号环网室，通过负荷分割，保证网格独立供电。BX 线、BY 线成为网格外线路独立供电
17	HB4912 线	HL4916 线	2020	110kV HX 变 10kV HL 线、HB 线与 110kV HJ 变 10kV HJ5 线、HJ6 线双环网改造工程	HL 线、HB 线与 HJ5 线、HJ6 线构建一组电缆双环网
18	HL4916 线	HB4912 线	2020	110kV HX 变 10kV HL 线、HB 线与 110kV HJ 变 10kV HJ5 线、HJ6 线双环网改造工程	HL 线、HB 线与 HJ5 线、HJ6 线构建一组电缆双环网

3）分段不合理线路解决情况。通过 2020~2022 年建设改造方案，网格内建成 7 组电缆双环网，环网室装接容量均处于合理范围，全面消除分段不合理线路。分段不合理线路解决明细如表 8-14 所示。

表 8-14 分段不合理线路解决情况

序号	线路名称	线路长度(km)	分段数(个)	装接容量(kVA)	问题解决年份	问题解决方案	问题解决情况
1	SY4904 线	2.06	1	3840	2022	110kV HX 变 10kV HL线、HB 线与 110kV HJ 变 10kV HJ5 线、HJ6 线双环网改造工程	SY 线退运, 原 SY 线供电用户改切至投醪环网室
2	ZG4929 线	4.77	1	6310	2020	110kV HX 变 10kV HL线、HB 线与 110kV HJ 变 10kV HJ5 线、HJ6 线双环网改造工程	ZG 线退运, 原 ZG 线供电用户改切至太平环网室
3	WH4901 线	3.04	1	3160	2022	110kV HX 变 10kV HJ线、SL 线与 110kV HJ 变 10kV HJ11 线、HJ12 线双环网改造工程	WH 线退运, 原稽山环网室环入 HJ 线
4	SL4917 线	8.65	1	12 365	2022	110kV HX 变 10kV HJ线、SL 线与 110kV HJ 变 10kV HJ11 线、HJ12 线双环网改造工程	SL 线架空入地改造, 与 HJ 线、HJ11 线、HJ12 线构建一组双环网
5	QTB804 线	16.03	1	31 590	2021	110kV SF 变 10kV XS线、KH 线与 110kV HJ 变 10kV HJ9 线、HJ10 线双环网改造工程	QT 线退运, 原有负荷由 XS 线、KH 线、HJ9 线、HJ10 线构建双环网转切
6	BMB015 线	2.39	1	18 675	2021	110kV SF 变 10kV XS线、KH 线与 110kV HJ 变 10kV HJ9 线、HJ10 线双环网改造工程	QT 线退运, 原有负荷由 XS 线、KH 线、HJ9 线、HJ10 线构建双环网转切

（3）电能质量。通过 2020 年建设改造方案，全面解决台区电能质量问题。

1）三相不平衡配变解决情况见表 8-15。

表 8-15 三相不平衡配变解决情况

序号	变压器名称	最大负载率(%)	三相不平衡度(%)	不平衡持续时间(h)	问题解决年份	问题解决方案	问题解决情况
1	亭西 2 号变	73.6	36	40	2020	10kV 亭东 8 号、亭西 8 号配电变压器布点工程	通过配电变压器布点、线路翻相解决三相不平衡情况

2）重载预警配电变压器解决情况见表 8-16。

表 8-16　　　　　　　　重过载配电变压器解决情况

序号	变压器名称	最大负载率（%）	问题解决年份	问题解决方案	问题解决情况
1	亭西 2 号变压器	73.6	2020	10kV 亭东 8 号、亭西 8 号配电变压器布点工程	通过配电变压器布点解决配变重载情况
2	亭东 1 号变压器	77.91	2020	10kV 亭东 8 号、亭西 8 号配电变压器布点工程	通过配电变压器布点解决配变重载情况

（4）装备水平。

1）供电半径超标线路解决情况。通过 2022 年建设改造方案，建成标准网架，优化线路供电范围，缩短线路供电半径，全面消除供电半径超标线路。供电半径超标线路解决明细如表 8-17 所示。

表 8-17　　　　　　　　供电半径超标线路解决情况

序号	线路名称	供电半径（km）	问题解决年份	问题解决方案	问题解决情况
1	ZX4910 线	3.71	2022	110kV HX 变 10kV HX1 线、HX2 线与 110kV BH 变 10kV BH1 线、BH2 线双环网改造工程	网格独立供电，ZX 线不再为 BH 网格内用户供电，与区外线路构建双环网，降低供电半径
2	HJ4934 线	3.56	2022	110kV HX 变 10kV HJ 线、SL 线与 110kV HJ 变 10kV HJ11 线、HJ12 线双环网改造工程	HJ 线、SL 线与 HJ11 线、HJ12 线构建一组双环网。HJ 线不再跨单元为金地、龙湖等用户供电，降低供电半径

2）装接容量超标线路解决情况。通过 2020～2022 年建设改造方案，网格内建成 7 组电缆双环网，线路装接容量均处于合理范围，全面消除装接容量超标线路。装接容量超标线路解决明细如表 8-18 所示。

表 8-18　　　　　　　　装接容量超标线路解决情况

序号	线路名称	配电变压器总容量（kVA）	线路负载率（%）	问题解决年份	问题解决情况
1	ZX4910 线	17 085	28.66	2022	通过 HX1、2 线与 BH1、2 线双环网新建工程切割 ZX 线网格内容量 6820kVA，解决挂接容量超标问题
2	HJ4934 线	21 080	76.87	2021	通过 BD 线、BC 线与 HJ1 线、HJ2 线，KH 线、XS 线与 HJ9 线、HJ10 线双环网新建工程切割 HJ 线容量 20 920kVA，解决挂接容量超标问题

序号	线路名称	配电变压器总容量（kVA）	线路负载率（%）	问题解决年份	问题解决情况
3	SL4917 线	12 365	81.67	2022	网格外项目，2020 年通过 HJ 变配套出线切割网格外负荷
4	BQ4919 线	12 480	33.64	2022	通过 HX1、2 线与 BH1、2 线双环网新建工程切割坂桥线容量 10 880kVA，解决挂接容量超标问题
5	XZB827 线	15 480	59.1	2022	XZ 线装接专变用户迁出，线路装接容量恢复合理水平，2022 年负荷全部切出后退出运行
6	QTB804 线	31 590	54.61	2021	QT 线退运，通过 SF 变新出 XS 线、KH 线转切原 QT 线用户，解决装接容量超标问题
7	BMB015 线	18 675	36.28	2021	2021 年通过 SF 变新出 XS 线、KH 线双环网新建工程切割 BM 线容量 23 660kVA，解决挂接容量超标问题
8	BQB030 线	12 400	32.28	2020	2020 年通过 BD 线、BC 线与 HJ1 线、HJ2 线双环网新建工程切割大坂、凤情环网室容量，解决挂接容量超标问题
9	BYB008 线	17 490	65.22	2020	2020 年通过 BD 线、BC 线与 HJ1 线、HJ2 线双环网新建工程切割 BY 线容量 5040kVA，解决挂接容量超标问题
10	HZ4928 线	14 370	15.65	2020	2020 年通过 BD 线、BC 线与 HJ1 线、HJ2 线，HZ 线、HA 线与 HJ3 线、HJ4 线双环网新建工程解决挂接容量超标问题
11	HA4908 线	14 370	45.92		

2. 用户接入情况

通过近三年配电网工程实施，近期报装用户均实现可靠接入，具体接入情况如表 8-19 所示。

表 8-19　　　　　　　用户接入情况一览表

序号	用户名称	报装容量（kVA）	投产时间	接入方案
1	元垄尚都会	6000	2020	接入 110kV HX 变 10kV HZ 线、HA 线与 110kV HJ 变 10kV HJ3 线、HJ4 线双环网工程
2	金地湖城大境	6500	2020	
3	金昌	5000	2022	接入 110kV HX 变 10kV HL 线、HB 线与 110kV HJ 变 10kV HJ5 线、HJ6 线双环网工程
4	宝业	9000	2022	接入 110kV HX 变 10kV HX1 线、HX2 线与 110kV BH 变 10kV BH1 线、BH2 线双环网工程
5	万科	6000	2022	
6	恒宇锦园	7000	2022	
7	KY-03-01 地块	8000	2022	接入 110kV HX 变 10kV HJ 线、SL 线与 110kV HJ 变 10kV HJ11 线、HJ12 线双环网工程
8	KY-03-02 地块	8000	2022	

3. 指标提升情况

至 2022 年项目完成后，该网格形成 7 组电缆双环网，网架结构得到明显优化，线路 $N-1$ 校验通过率为 100%。供电可靠率达到 99.995% 以上，用户平均停电时间小于 0.45h。成效指标提升情况见表 8-20。

表 8-20　　　　　　　　　　成 效 指 标 提 升 情 况

电压等级	指标类型	指标名称	现状值	2020 年数值	2021 年数值	2022 年数值
—	综合指标	供电可靠率（RS-1）（%）	99.987	99.988	99.989	99.995
		用户平均停电时间（h）	1.336	1.051	0.964	0.438
10kV	网架结构	线路联络率（%）	100	100	100	100
		站间联络率（%）	83.83	92	93.33	100
		标准化接线覆盖率（%）	25	56	73.33	100
		目标网架达成率（%）	0	37.5	62.5	87.5
		线路 $N-1$ 通过率（%）	100	100	100	100
	装备水平	线路绝缘化率（%）	100	100	100	100
		供电半径（km）	1.97	1.89	1.84	1.93
		老旧线路（km）	0	0	0	0
		老旧台区（台）	0	0	0	0
	运行水平	线路重载率（%）	8.33	0	0	0
		配电变压器预警重载率（%）	0.76	0	0	0
	智能化水平	配电自动化覆盖率（%）	91.67	94.34	96.78	100
		配电自动化有效覆盖率（%）	0	42.85	71.43	100
0.4kV		供电半径（km）	141	138	135	132
		户均配电变压器容量（kVA）	6.87	6.86	6.85	6.83

8.2　B 类区域典型案例

8.2.1　网格概况及负荷发展情况

WA 供电网格（编号 SC-TF-ZG-WA）由 TF 大道、ZZ 大道、WH 路、TZ 路、LZ 大道、DS 街围合而成，网格面积为 17.25km²，其中建成区面积 12.28km²，占比为 71.18%。2019 年网格内总负荷为 63.91MW，平均负荷密度为 3.93MW/km²。本次供电单元划分综合考虑 WA 网格内 LS 大道、ZZ 大道等主干道路及地铁 6 号线、26 号线布局，结合 HY 变、LH 变、XS 变等网格内外变电站及现状中压线路供区，在供电网格基础上共计划分供电单元 8 个，具体划分结果如图 8-14 所示。

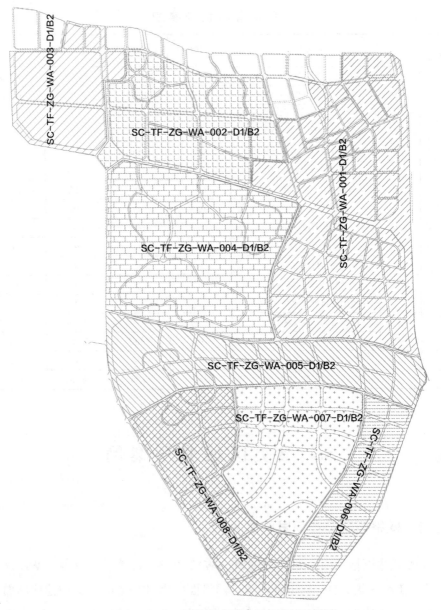

图 8-14　WA 网格供电单元划分结果示意图

根据负荷预测结果，到饱和年 WA 网格负荷为 150.21～183.59MW，选取中方案为预测结果，中方案预测结果为 166.9MW，平均负荷密度为 10.27MW/km²，达到 B 类供电区标准，见表 8-21。

表 8-21　　　　　　　　　饱和年空间负荷预测结果汇总表

序号	单元名称	面积（km²）	供电面积（km²）	负荷预测结果（MW）			负荷密度（MW/km²）		
				低方案	中方案	高方案	低方案	中方案	高方案
1	SC-TF-ZG-WA-001-D1/B2	3.96	3.96	35.34	39.27	43.20	8.93	9.92	10.91
2	SC-TF-ZG-WA-002-D1/B2	2.29	2.29	24.00	26.67	29.34	10.48	11.65	12.81
3	SC-TF-ZG-WA-003-D1/B2	1.12	1.12	20.20	22.44	24.68	18.03	20.04	22.04
4	SC-TF-ZG-WA-004-D1/B2	3.08	2.08	14.74	16.38	18.02	7.09	7.88	8.66
5	SC-TF-ZG-WA-005-D1/B2	2.04	2.04	14.88	16.53	18.18	7.29	8.10	8.91
6	SC-TF-ZG-WA-006-D1/B2	1.16	1.16	13.82	15.35	16.89	11.91	13.23	14.56
7	SC-TF-ZG-WA-007-D1/B2	1.77	1.77	28.09	31.21	34.33	15.87	17.63	19.40
8	SC-TF-ZG-WA-008-D1/B2	1.83	1.83	15.83	17.59	19.35	8.65	9.61	10.57
9	SC-TF-ZG-WA（同时率 0.9）	17.25	16.25	150.21	166.90	183.59	9.24	10.27	11.30

8.2.2　网格现状分析

目前，WA 网格内共有 10kV 线路 31 条，公用线路 26 条，专用线路 5 条。公用线路总长度 279.165km（架空线路 33.154km，电缆线路 246.011km），架空线路绝缘化率 87.93%，电缆化率 83.62%。有 10kV 公用配电变压器 251 台，总容量 203.905MVA，见表 8-22。

表 8-22　　　　　　　　　中压配电网规模情况统计表

网格名称		WA 网格
供电面积（km²）		17.51
线路回数（条）		31
公用线路（条）		26
环网室（座）		6
环网箱（座）		68
配电变压器	台数（台）	570
	容量（MVA）	395.491

续表

网格名称		WA 网格
公用变压器	台数（台）	251
	容量（MVA）	203.905
专用变压器	台数（台）	319
	容量（MVA）	191.586
中压公用线路长度	线路总长（km）	279.165
	架空线路（km）	33.154
	电缆线路（km）	246.011
中压平均供电半径（km）		3.81
电缆化率（%）		83.62
架空绝缘化率（%）		87.93
联络率（%）		30.76
公用线路平均配电变压器装接容量（MVA）		20.076

经统计汇总，WA 网格存在电网结构、运行情况、装备水平等方面问题线路 26 条，将上述问题分为重大问题、重要问题和一般问题，具体问题线路、设备汇总情况见表 8–23。

表 8–23　　　　　　　　　　**问题线路、设备一览表**

序号	线路名称	所属变电站	问题线路、设备一栏表								
			重载	供电半径超标	线路装接配电变压器容量>12MVA	非标准接线	架空线路分段不合理	设备缺陷	未通过 N−1 校验	供电质量	问题分级管控
1	HZ 线	HY 变		√	√	√	√		√		重要问题
2	HH 线	HY 变			√	√			√		重要问题
3	HY 线	HY 变			√	√		√	√		重要问题
4	HT 线	HY 变					√			√	一般问题
5	HS02 线	HY 变			√	√			√		重要问题
6	HX 线	HY 变			√	√		√	√		重要问题
7	HD 线	HY 变			√	√			√		重要问题
8	HQ 线	HY 变				√		√	√		重要问题
9	HU 线	HY 变			√						一般问题

< 202 >

续表

序号	线路名称	所属变电站	重载	供电半径超标	线路装接配电变压器容量>12MVA	非标准接线	架空线路分段不合理	设备缺陷	未通过N−1校验	供电质量	问题分级管控
					问题线路、设备一栏表						
10	HS01 线	HY 变			√	√			√		重要问题
11	YT 线	YL 变		√	√	√		√	√		重要问题
12	YC 线	YL 变	√	√	√	√	√	√	√		重大问题
13	YP 线	YL 变		√	√	√			√		重要问题
14	LZ 线	LH 变		√	√			√			一般问题
15	LD 线	LH 变		√	√				√		重要问题
16	LS 线	LH 变		√	√				√		重要问题
17	LG 线	LH 变		√	√	√			√		重要问题
18	LY 线	LH 变		√	√				√		重要问题
19	LS 线	LH 变		√	√						一般问题
20	LL 线	LH 变		√	√	√			√		重要问题
21	LG 线	LH 变	√	√	√			√			重大问题
22	LJ 线	LH 变		√	√	√			√		重要问题
23	LH 线	LH 变			√	√			√		重要问题
24	LA 线	LH 变						√			一般问题
25	XG 线	XS 变			√	√					一般问题
26	XA 线	XS 变		√	√				√		重要问题

8.2.3　目标网架规划

2025 年 WA 网格最大负荷为 133.88MW，平均负荷密度为 8.24MW/km^2，供电线路 51 条（其中公用线路 46 条，专用线路 5 条），典型接线 23 组，线路平均供电负荷为 3.04MW/条，平均供电半径为 2.87km，理论供电可靠率为 99.965%，满足 B 类供电区可靠性需求。变电站间联络及各供电单元电网规模情况如图 8−15 所示。

图 8-15　WA 网格目标网架构建情况示意图

各个单元 2025 年网架构建情况如表 8-24 所示。

WA 网格 2025 年网架拓扑结构和配电网地理接线示意图如图 8-16 和图 8-17 所示。

表8-24　WA网格目标网架构建结果汇总表

序号	单元名称	面积（km²）	供电面积（km²）	供电电源	供电线路（条）			标准接线组（组）	最大负荷（MW）			负荷密度（MW/km²）	公用线路平均负荷（MW）	理论供电可靠性（%）
					公用	专用	合计		公用	专用	合计			
1	SC-TF-ZG-WA-001-D1/B2	4.13	4.13	ZG变、YL变	12	0	12	6	36.6	0	36.6	8.86	3.05	99.965
2	SC-TF-ZG-WA-002-D1/B2	1.98	1.98	LH变、WAE变	6	1	7	3	18.36	2.35	20.71	10.46	3.06	99.965
3	SC-TF-ZG-WA-003-D1/B2	1.26	1.26	LH变、WAE变	4	2	6	2	12.04	5.39	17.43	13.83	3.01	99.965
4	SC-TF-ZG-WA-004-D1/B2	3.08	2.08	LH变、WAE变	4	0	4	2	12.72	0	12.72	6.12	3.18	99.965
5	SC-TF-ZG-WA-005-D1/B2	2.04	2.04	LH变、ZG变	4	0	4	2	12.84	0	12.84	6.29	3.21	99.965
6	SC-TF-ZG-WA-006-D1/B2	1.16	1.16	XS变、ZG变	4	0	4	2	11.92	0	11.92	10.28	2.98	99.965
7	SC-TF-ZG-WA-007-D1/B2	1.77	1.77	LH变、ZG变	8	0	8	4	22.88	0	22.88	12.93	2.86	99.965
8	SC-TF-ZG-WA-008-D1/B2	1.83	1.83	LH变、XS变	4	2	6	2	12.2	1.46	13.66	7.46	3.05	99.965
9	SC-TF-ZG-WA	17.25	16.25		46	5	51	23	125.60	8.28	133.88	8.24	3.04	99.965

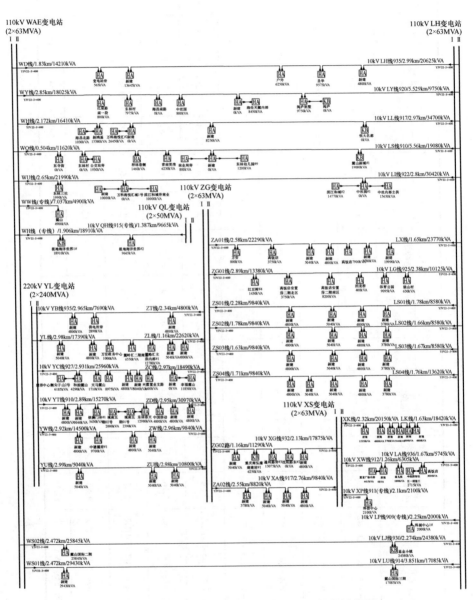

图 8-16　2025 年 WA 网格中压配电网拓扑结构图

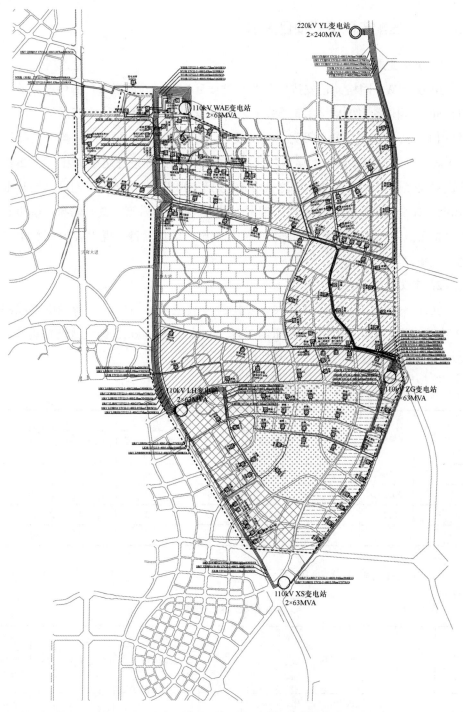

图 8-17 2025 年 WA 网格中压配电网地理接线示意图

8.2.4 中压配电网近期项目需求

1. 分年度建设重点

2020 年 WA 网格共计安排中压业扩类项目 2 项，满足新增负荷供电需求。2021 年主要围绕 110kV ZG 变的投产，新出线路优化 WA 网格中部网架结构，解决 LH 变、YC 变的辐射线路，同时优化 XG、LG、YC 线网架结构，消除复杂接线。对 WA 网格通道、电缆接头及配电自动化终端进行运维提升。2022 年通过网架优化完善解决 WA 网格西北部及西南部线路跨网格供电问题，同时由 110kV ZG 变出线优化 WA 网格中部网架结构。通过新增箱式变电站布点解决低压设备重载及三相不平衡问题，同时实施配电自动化项目实现 WA 网格配电自动化全覆盖。

2. 建设汇总

2020～2022 年 WA 网格共计安排建设改造项目 31 项，新建电缆线路 52.3km、环网箱 40 座，配电变压器 3 台，低压线路 0.4km，建设改造投资共计 6504.8 万元，见表 8-25。

表 8-25　　　　　　　WA 网格项目规模及投资汇总表

序号	实施时间	项目数量	工程量				投资估算（万元）
			电缆线路（km）	环网箱/室（座）	配电变压器（座）	低压线路（km）	
1	2020 年	2	3.5	2	0	0	410
2	2021 年	5	8.8	6	0	0	1060
3	2022 年	24	40	32	3	0.4	5034.8
	合计	31	52.3	40	3	0.4	6504.8

具体项目清单如表 8-26 所示。

表 8-26　　　　　　　WA 网格项目汇总表

序号	项目名称	工程量				投资估算（万元）	建设时间（年）
		电缆线路（km）	环网箱/室（座）	配电变压器（座）	低压线路（km）		
1	10kV XK 线新建工程	1.7	1			200	2020
2	10kV LX 线新建工程	1.8	1			210	2020

续表

序号	项目名称	工程量				投资估算（万元）	建设时间（年）
		电缆线路（km）	环网箱/室（座）	配电变压器（座）	低压线路（km）		
3	10kV ZC 线新建工程	2	1			230	2021
4	10kV ZD 线新建工程	3.2	2			380	2021
5	10kV ZL 线新建工程	3	2			360	2021
6	10kV ZG01 线新建工程	0.3				30	2021
7	10kV ZG02 线新建工程	0.3	1			60	2021
8	10kV ZW 线新建工程	2	2			260	2022
9	10kV YL 线新建工程	3.7	2			430	2022
10	10kV YT 线、ZD 线改造工程	0.8	2			140	2022
11	10kV ZT 线新建工程	3.2	2			380	2022
12	10kV YW 线新建工程	4	1			430	2022
13	10kV YU 线新建工程	4	1			430	2022
14	10kV ZL 线新建工程	1.8	2			240	2022
15	10kV ZC 线改造工程	2.5	2			310	2022
16	10kV 万安政务中心电缆分支箱改造工程		1			30	2022
17	10kV 中国移动枢纽电缆分支箱改造工程		1			30	2022
18	10kV HY 线、LS 线改造工程	0.5	1			80	2022
19	10kV HT 线等 3 条线路改造工程	3.8	2			440	2022
20	10kV HH 线、LL 线改造工程	1	2			160	2022
21	10kV HD 线、LH 线改造工程	2	2			260	2022
22	10kV LJ 线、HS02 线改造工程	1.1				110	2022
23	10kV LU 线、HS01 线改造工程	1.1	1			140	2022
24	10kV ZA01 线新建工程	3.6	2			420	2022
25	10kV ZA02 线新建工程	0.9	2			150	2022
26	10kV LA 线、LZ 线改造工程	0.5	1			80	2022
27	10kV LK 线新建工程	2.7	3			360	2022
28	10kV HU 线改造工程	0.8				80	2022
29	10kV HT 线万安场镇 8 号公用变压器改造工程			1	0.13	24.81	2022
30	10kV HT 线万安场镇 1 号公用变压器改造工程			1	0.13	24.81	2022
31	10kV LD 线城南五期 9 号公用变压器改造工程			1	0.14	25.18	2022
	合计	52.3	40	3	0.4	6504.8	—

3. 工程方案示例

（1）10kV 工程示例。

项目名称：10kV YL 线新建工程

实施目的：10kV ZL 线工程、HH 线实施后，10kV LL 线、HH 线、ZL 线形成一组 3 联络接线，同时 10kV LL 线存在供电半径过长的问题。

工程说明：

（1）断开 10kV LL 线恒大名都环网柜至 10kV LL 线 LL 汇商业环网柜线路。

（2）220kV YL 变新出一回 10kV YL 线至 10kV ZL 线 LL 汇商业环网柜。

（3）将 10kV YC 线万安政务中心环网柜改接至 10kV YL 线。

项目电缆通道情况如图 8-18 所示。

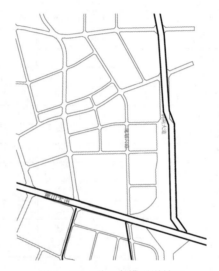

图 8-18　项目电缆通道情况

可行性分析：

（1）经现状排管排查，现有管道满足需求。

（2）LL 汇环网箱采用原有间隔，无新间隔利用需求。

建设成效：项目实施后，10kV HH 线与 10kV LL 线、10kV YL 线与 10kV ZL 线组成 2 组电缆单环网，同时解决了 10kV LL 线供电半径过长问题。

建设规模：共新建 $YJV_{22}-3\times400mm^2$ 电缆 3.7km，环网箱 2 座。

项目投资：430 万元。

实施年份：2022 年。

项目实施前地理接线图和拓扑图如图 8-19 和图 8-20 所示，项目实施后地理接线图和拓扑图如图 8-21 和图 8-22 所示。

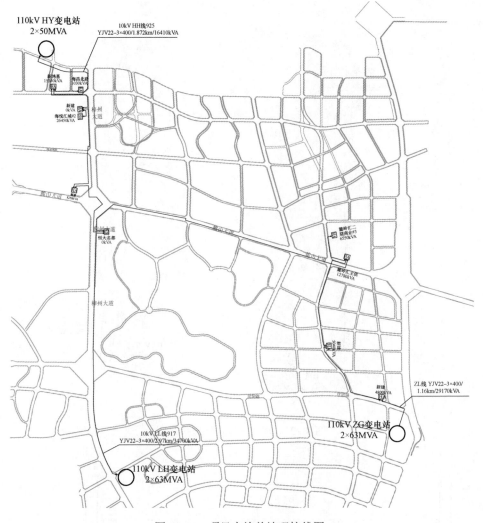

图8-19　项目实施前地理接线图

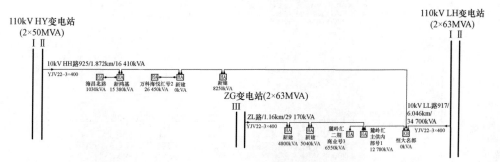

图8-20　项目实施前拓扑图

图 8-21 项目实施后地理接线图

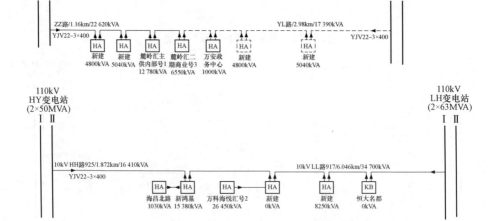

图 8-22 项目实施后拓扑图

（2）0.4kV 工程示例。

项目 5：10kV HT 线 WA 场镇 8 号等 2 台公用变压器改造工程

实施目的：WA 场镇 8 号公用变压器、WA 场镇 1 号公用变压器负载率大于 80%，处于重载运行，且存在三相不平衡问题。

工程说明：新增 1 号箱式变压器，割接 WA 场镇 8 号公用变压器负荷，解决其重载及三相不平衡问题。新增 2 号箱式变压器，割接 WA 城镇 1 号公用变压器负荷，解决其重载及三相不平衡问题。

建设成效：项目实施后，解决 WA 场镇 8 号公用变压器、WA 场镇 1 号公用变压器重载及三相不平衡问题，提升区域供电能力。

建设规模：共新建 630kVA 箱式变压器 2 台，低压线路 0.4km。

项目投资：74.8 万元。

实施年份：2021 年。

项目实施前后地理接线图如图 8-23 和图 8-24 所示。

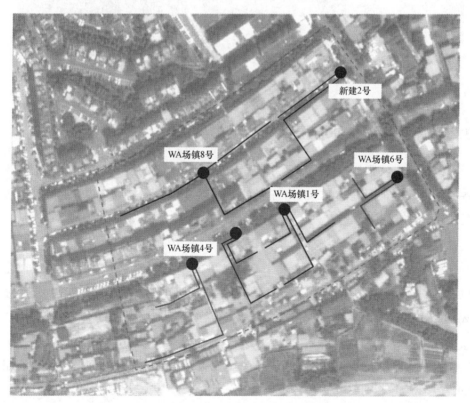

图 8-23 项目实施前地理接线图

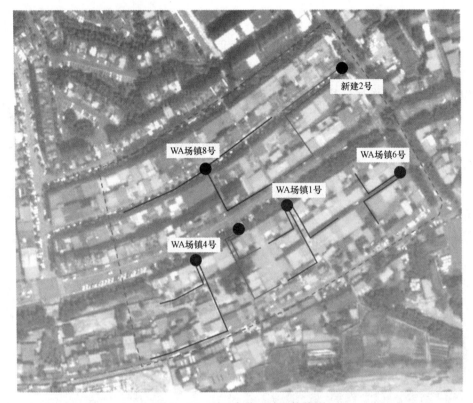

图 8-24 项目实施后地理接线图

8.2.5 问题解决及指标提升

结合配电网预计投资规模及分年度建设计划,至 2022 年 WA 网格内配电网各项指标得到全面提升。2022 年前解决 2 条重过载线路、18 条单辐射线路、19 条不通过 $N-1$ 校验线路、3 台配变重过载问题。

1. 全面消除重过载线路

解决了 2019 年存在的 2 回重载线路。2021 年通过 ZG 变电站新出线,优化 LG 线、YC 线网架结构,同时平衡线路负荷,解决其重载问题。2022 年通过 WA 北部区域网架调整,将 HQ 线宏信环网箱负荷改接,解决其重载问题。

2. 全面消除重过载配电变压器

2021 年对 WA 场镇 8 号公用变压器、WA 场镇 1 号公用变压器、城南五期 09 号公用变压器进行布点消除重、过载问题。

3. 全面优化网架结构

通过 ZG 变投产、HY 变 3 号主变压器扩建，优化区域网架结构，全面消除辐射线路，2021 年联络率提升至 74.28%，2022 年联络率提升至 100%，同时实现标准接线比率 100%。

4. 提升装备水平

对 3 台电缆分支箱更换为环网箱，对不能满足配电自动化改造需求的环网箱进行更换。

5. 大幅提升自动化水平

对区域内环网箱进行自动化改造，实现主干环网节点配电自动化全覆盖，对于新建线路同步配置自动化。

WA 网格 2019～2025 年配电网指标提升情况如表 8−27 所示。

表 8−27 配电网建设指标提升情况汇总表

类型	指标名称	目标值				
		2019 年	2020 年	2021 年	2022 年	2025 年
网架结构	中压配电网结构标准化率（%）	19.23	19.23	74.28	100	100
	线路联络率（%）	30.76	30.76	74.28	100	100
	供电半径达标率（%）	42.31	42.31	94.74	100	100
供电能力	110kV 电网容载比	2.35	3.24	2.97	2.73	2.02
	主变压器重载比例	12	12	0	0	0
	变电站全停全转率（%）	0	0	0	100	100
	重载线路比例（%）	7.69	7.69	2.85	0	0
	线路 $N-1$ 通过率（%）	26.92	36	74.28	100	100
	配变重载率（%）	1.19	1.19	0	0	0
	低电压台区比例（%）	0	0	0	0	0
	三项不平衡配变比例（%）	0.79	0.79	0	0	0
配电设备	中压线路绝缘化率（%）	87.93	87.93	100	100	100
	高损配变（%）	0.39	0	0	0	0
	配电自动化覆盖率（%）	7.69	18.57	18.57	100	100
综合指标	供电可靠性（%）	99.952	99.954	99，956	99.961	99.965
	电压合格率（%）	99.89	99.9	99.91	99.93	99.95

对比电网现状问题分析结果以及项目建设需求情况可知，现有 26 条线路相关问题在 2020～2022 年间项目实施后均得以解决，具体情况见表 8−28。

表8-28

问题解决情况汇总表

序号	线路名称	所属变电站	问题线路、设备一栏表								问题分级管控	对应项目	解决时间
			重载	供电半径超标	线路装接配变容量>12MVA	非标准接线	架空线路分段不合理	设备缺陷	未通过N-1校验	供电质量			
1	HZ线	HY变		√	√		√				重要问题	10kV HT线等8条线路联络改接工程	2022
2	HH线	HY变			√	√	√		√		重要问题	10kV HH线等5条线路联络改接工程	2022
3	HY线	HY变			√	√		√	√		重要问题	10kV HY线等2条线路联络改接工程	2022
4	HT线	HY变			√		√			√	一般问题	10kV HT线WA场镇8号公变改造工程	2021
5	HS02线	HY变			√	√			√		重要问题	10kV HJ线等4条线路联络改接工程	2022
6	HX线	HY变			√	√		√			重要问题	10kV HH线等5条线路联络改接工程	2022
7	HD线	HY变			√	√		√			重要问题	10kV HH线等5条线路联络改接工程	2022
8	HQ线	HY变			√			√			重要问题	10kV HH线等5条线路联络改接工程	2022
9	HU线	HY变			√	√					一般问题	10kV HT线等8条线路联络改接工程	2022
10	HS01线	HY变				√			√		重要问题	10kV LJ线等4条线路改接工程	2022
11	YT线	YL变		√	√	√		√	√		重要问题	10kV ZG01线等2条线路新建工程	2021
12	YC线	YL变	√	√	√	√		√	√		重大问题	10kV ZG01线等2条线路新建工程	2021
13	YL线	YL变		√	√	√			√		重要问题	10kV YT线等2条线路联络改接工程	2022

续表

问题线路、设备一栏表

序号	线路名称	所属变电站	重载	供电半径超标	线路装接配变容量>12MVA	非标准接线	架空线路分段不合理	设备缺陷	未通过N-1校验	供电质量	问题分级管控	对应项目	解决时间
14	LZ线	LH变		√				√			一般问题	10kV LT线等2条线路联络改接工程	2022
15	LD线	LH变		√	√	√			√		重要问题	10kV ZD线新建工程	2021
16	LS线	LH变		√	√	√			√		重要问题	10kV HY线等2条线路改接工程	2022
17	LU线	LH变		√	√	√			√		重要问题	10kV LT线等2条线路改接工程	2022
18	LY线	LH变		√	√	√		√			重要问题	10kV HT线等8条线路联络改接工程	2022
19	LI线	LH变		√	√	√					一般问题	10kV HT线等8条线路联络改接工程	2022
20	LL线	LH变		√	√	√			√		重要问题	10kV ZL线新建工程	2021
21	LG线	LH变	√	√	√	√		√			重大问题	10kV ZG01线等2条线路新建工程	2021
22	LJ线	LH变		√	√	√			√		重要问题	10kV LJ线等4条线路联络改接工程	2022
23	LH线	LH变			√	√			√		重要问题	10kV HH线等5条线路联络改接工程	2022
24	LA线	LH变				√		√			一般问题	10kV LT线等2条线路联络改接工程	2022
25	XG线	XS变			√	√					一般问题	10kV ZG01线等2条线路新建工程	2021
26	XA线	XS变		√	√	√			√		重要问题	10kV ZA01线等2条线路新建工程	2022

8.3 C 类区域典型案例

8.3.1 网格概况及负荷发展情况

KG 供电网格（编号 XJ-KEL-LC-KG）是位于 KX 路、TSQ 路、BHX 路、TSX 路的合围区域，供电面积为 18.42km²。该网格区域为规划建设区，现状主要用地性质为居住、畜牧和耕地，2019 年最大负荷为 23.67MW，负荷密度为 1.46MW/km²，主供电源点为 110kV SB 变和 ZX 变。本次规划将该网格划分为 3 个单元，KG 网格单元划分表见表 8-29。

表 8-29　　　　　　　　KEL 市 KG 网格单元划分表

所属网格	供电单元	单元边界	单元面积（km²）	现状供电变电站	现状用地性质
KG 网格	XJ-KEL-LC-KG-001-J1/B2	TSQ 路、AJ 路、TSX 路、KX 路	6.97	SB 变	居住、物流
	XJ-KEL-LC-KG-002-D1/B2	TSQ 路、AJ 路、WH 路、KX 路	5.65	ZX 变	居住、耕地
	XJ-KEL-LC-KG-003-J1/B2	BHX 路、KX 路、TSQ 路、WH 路	5.8	ZX 变	居住、畜牧

到目标年，结合城市控制性详细规划（城市总体规划），网格内主要用地性质为物流仓储、居住和商业用地，预测负荷达到 103.98MW（考虑 0.85 同时率），负荷密度达到 6.63MW/km²，KG 网格单元饱和负荷预测见表 8-30。KG 网格单元划分图如图 8-25 所示。

表 8-30　　　　　　　　KEL 市 KG 网格单元饱和负荷预测

所属网格	供电单元	饱和年负荷（MW）	有效供电面积（km²）	饱和供电变电站	饱和用地性质
KG 网格	XJ-KEL-LC-KG-001-J1/B2	32.71	5.21	SH 变、SB 变	居住、物流
	XJ-KEL-LC-KG-002-D1/B2	48.06	5.65	SH 变、ZX 变	居住、商业
	XJ-KEL-LC-KG-003-J1/B2	41.56	5.31	LG 变、ZX 变	居住、商业

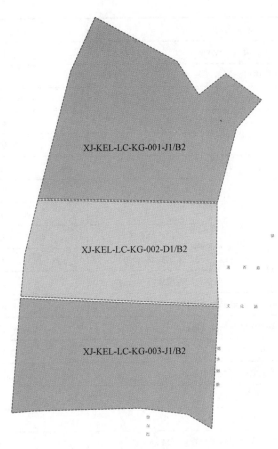

图 8-25 KG 网格单元划分图

8.3.2 网格现状分析

截至 2019 年，KG 网格中压公网线路共有 4 条，均为单辐射线路，线路最大负载率平均值为 56.29%，线路总长度为 80.4km，平均供电半径 8.13km，装接配电变压器共计 614 台，平均装接配电变压器容量 23.85MVA，KG 网格线路信息表见表 8-31。KG 网格中压线路基本情况表见表 8-32。

表 8-31   **KEL 市 KG 网格线路信息表**

网格名称	XJ-KEL-LC-KG
供电面积（km²）	18.42
10kV 总负荷（MW）	23.67

续表

网格名称		XJ-KEL-LC-KG
负荷密度（MW/km²）		1.46
网格内线路回数（条）		4
环网箱（室）（座）		0
配电变压器	台数	614
	容量（MVA）	95.4
公用变压器	台数	80
	容量（MVA）	22.6
专用变压器	台数	534
	容量（MVA）	72.8
中压线路长度	架空线路（km）	79.25
	电缆线路（km）	1.15
中压平均供电半径（km）		8.15
中压平均线路长度（km）		20.1
电缆化率（%）		1.43
架空线路绝缘化率（%）		61.32
联络率（%）		0
$N-1$ 通过率（%）		0
中压线路平均配电变压器装接容量（MVA）		23.85
中压线路平均负载率（%）		52.69

KG 网格作为老城区的规划建设区，从现状实际发展情况来看，网格内现有大量村庄、棚户区和荒地，开发程度低，速度慢，且线路无重过载和低电压等重要问题，所以近期不需要大规模改造和新建线路。

8.3.3 目标网架规划

目标年 KG 网格供电线路 32 条，线路平均供电负荷为 3.82MW/条，平均供电半径为 2.25km，理论供电可靠率为 99.987 3%，满足 B 类供电区可靠性需求。各个单元目标网架构建情况如图 8-26 所示。

KG 网格目标年地理接线图与拓扑图如图 8-27 和图 8-28 所示。

表 8－32　KEL 市 KG 网格中压线路基本情况表

线路名称	变电站名称	投运时间	接线模式	线路最大负荷(MW)	最大负载率(%)	线路总长度(km)	供电半径(km)	装接配变		分段数(段)	问题汇总						
								台数(台)	容量(kVA)		重过载(70%)	单辐射	不满足"N−1"	供电半径过长(3km)	超运行年限(20年)	装接配变过大(12MVA)
BK Ⅰ线	SB 变电站	2004	单辐射	4.62	66.11%	9.04	3.56	153	26 249	3		√	√	√		√
BK Ⅱ线	SB 变电站	2004	单辐射	4.24	69.56%	11.22	7.37	103	23 162	5		√	√	√		√
ZQ 线	ZX 变电站	2001	单辐射	4.27	41.20%	25.953	10.32	183	31 732	4		√	√	√	√	√
ZL 线	ZX 变电站	2001	单辐射	2.97	33.66%	34.194	11.36	175	14 286	4		√	√	√	√	√

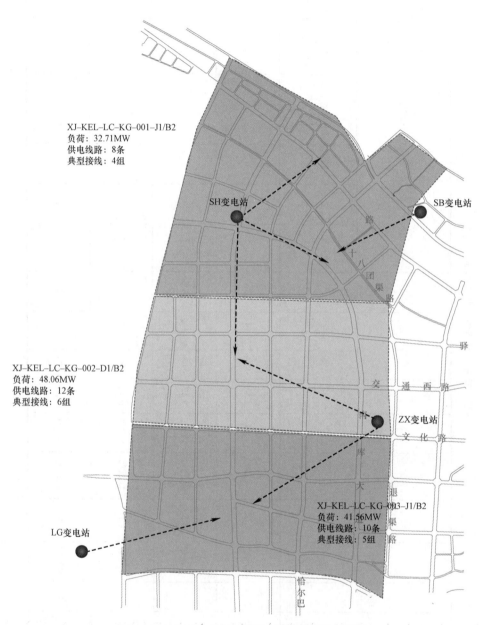

图 8-26　KELKG 网格目标网架构建情况示意图

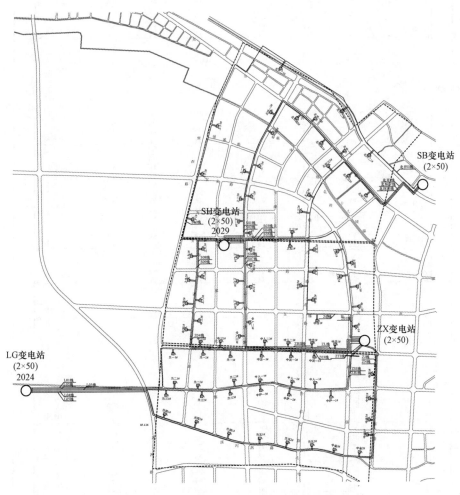

图 8-27　KELKG 网格目标网架地理接线图

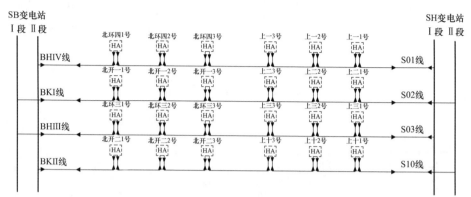

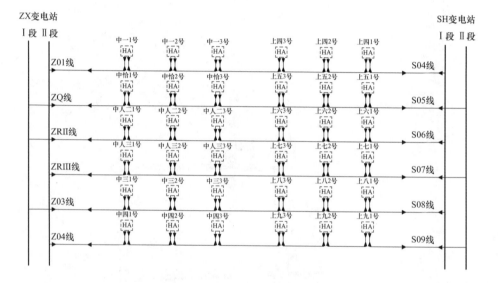

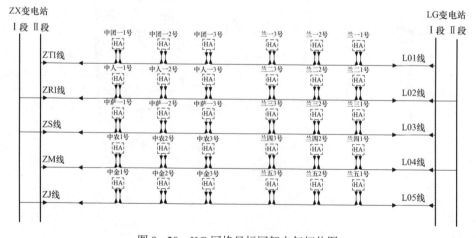

图 8-28　KG 网格目标网架电气拓扑图

8.3.4 中压配电网近期项目需求

1. 分年度建设重点

网格现状主要为村庄和畜牧、耕地。网格内 4 条线路负载水平不高，过渡年建设重点是优化现有线路的网架结构。针对 4 条及其他尚未进行自动化设备改造的线路开关加装 FTU 自动化改造，同时推进光纤通信网建设，2022 年实现配电自动化全覆盖。2020 年解决中恰线的单辐射问题，提高供电可靠性。2021 年重点更换小截面型号导线，解决线路"卡脖子"现象，并对未配备自动化并同步提升配电网装备水平。2022 年达到联络化率 100%。

2. 建设汇总

2020～2022 年 KG 网格共计安排建设改造 4 项，新建电缆线路 2.21km、新建架空线路 2.6m、柱上开关 1 台，加装自动化 FTU 设备 18 台，建设改造投资共计 946.35 万元，投资建设规模见表 8-33。

表 8-33　　　　　　　　　　KEL 市 KG 网格投资建设规模

序号	实施时间	项目数量	工程量					投资（万元）
			电缆线路（km）	架空线路（km）	开关数量（台）	环网箱/室（座）	自动化 FTU（台）	
1	2020 年	1	0.394	0.65	0	0	0	91.5
2	2021 年	2	1.82	1.95	1	0	18	744.25
3	2022 年	1		1.24	1			110.6
合计		4	2.214	3.64	2	0	18	946.35

具体项目清单如表 8-34 所示。

表 8-34　　　　　　　　　　KG 网 格 项 目 汇 总 表

序号	项目名称	工程量				投资估算（万元）	建设时间
		电缆线路（km）	架空线路（km）	开关数量（台）	自动化 FTU（台）		
1	10kV BH Ⅲ、Ⅳ线及 10kV ZQ 线网架优化工程	0.394	0.65	0	0	91.5	2020
2	BK Ⅰ线改造工程	1.82	1.95	1	1	404.25	2021
3	10kV 线路自动化改造工程				17	340	2021
4	10kV BK Ⅰ线、BK Ⅱ线联络工程		1.24	1		110.6	2022
合计		2.214	3.84	2	18	946.35	—

3. 工程方案示例

（1）10kV 工程示例。

项目名称：10kV BH Ⅲ、Ⅳ线及 10kV ZQ 线网架优化工程。

建设必要性：ZQ 线为单辐射线路。

建设方案：新建 10kV 双回电缆线路 0.197km，延伸 BH Ⅲ、Ⅳ线至 ZQ 线
QEBGB 路段，新建 BH Ⅲ、ZQ 联络开关。新建 10kV 双回架空线路 0.329km，
10kV 单回架空线路改为双回架空线路 0.745km。

实施效果：解决了 ZQ 线供电半径过长和单辐射问题。

KG 网格过渡年项目改造前后地理接线图如图 8-29 所示，KG 网格过渡年
项目改造前后电气拓扑图如图 8-30 所示。

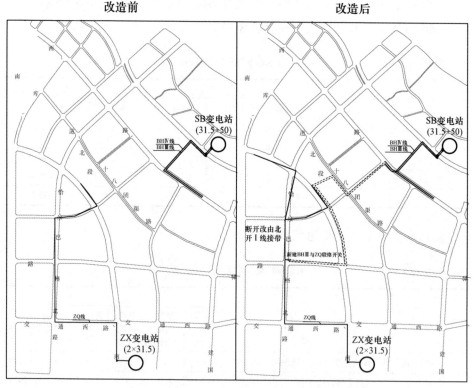

图 8-29　KG 网格过渡年项目改造前后地理接线图

改造前

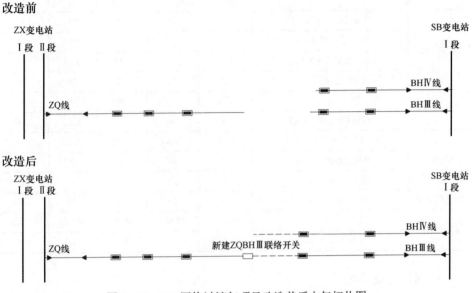

图 8-30　KG 网格过渡年项目改造前后电气拓扑图

（2）自动化工程示例。

项目名称： 10kV 线路自动化改造工程。

建设必要性： 线路未配备自动化设备。

建设方案： 对未配备设备的 JYⅢ线、JYⅣ线、BHCⅠ线、BHCⅡ线、BHCⅢ线、BHCⅣ线、BKⅡ线、TJⅢ线、TJⅣ线、XF 线、XTⅠ线、FKⅠ线、FHCⅠ线、QH 线、ZQ 线、ZL 线、DE 线、DW 线开关加装 FTU，进行自动化改造。

实施效果： 提高了设备自动化水平。

8.3.5　网格问题解决及指标提升

1. 指标提升

2022 年 KG 网格内配电网各项指标将得到全面提升。至 2025 年 KG 网格内 10kV 公用线路共计 6 条，配网结构为架空线单环网和架空线单联络共存的接线模式，见表 8-35。

表 8-35   KEL 市 KG 网格指标提升

类型	指标名称	目标值				
		2019 年	2020 年	2021 年	2022 年	2025 年
网架结构	线路联络化率（%）	0	25	75	75	100
	站间联络率（%）	0	25	75	75	100
	线路平均分段数	2.76	2.93	3.13	3.28	3.55
	中压配电网结构标准化率（%）	0	25	75	75	100
装备水平	绝缘化率（%）	61.32	68.95	100	100	100
	平均供电半径（km）	8.15	8.03	6.25	5.41	2.96
运行水平	线路平均负载率（%）	52.69	51.44	50.33	39.25	33.6
	重载线路比例（%）	0	0	0	0	0
	线路 $N-1$ 通过率（%）	0	25	50	75	100
智能化水平	配电自动化覆盖率（%）	0	25	100	100	100
综合指标	供电可靠性（%）	99.873	99.873	99.894	99.912	99.917
	电压合格率（%）	99.962	99.962	100	100	100

2. 问题解决情况

对比电网现状问题分析结果以及项目建设需求情况可知，现有 3 条线路相关问题在 2020～2022 年间项目实施后均得以解决，剩余单辐射线路在 2025 年 LG 变电站投运后得到解决。具体现状问题解决情况如表 8-36 所示。

表 8-36   KEL 市 KG 网格过渡建设方案解决表

线路名称	变电站名称	问题汇总						问题解决情况
		重过载（70%）	单辐射	不满足 $N-1$	供电半径过长（3km）	超运行年限（20 年）	装接配电变压器过大（12MVA）	
BK I 线	SB 变电站		√	√	√		√	BK I 线改造工程
BK II 线	SB 变电站		√	√	√		√	BK I 线、II 线联络工程
ZQ 线	ZX 变电站		√	√	√			10kV BH III、IV 线及 10kV ZQ 线网架优化工程
ZL 线	ZX 变电站		√	√	√		√	LG 变电站配套出线工程解决

参 考 文 献

[1] 方向晖. 中低压配电网规划与设计基础 [M]. 北京：中国水利水电出版社，2004.

[2] 陈章潮，唐德光. 城市电网规划与改造. 北京：中国电力出版社，2008.6.

[3] 范明天，张祖平，岳宗斌. 配电网络规划与设计 [M]. 北京：中国电力出版社，2008.6.

[4] 王成山. 智能配电系统发展机遇与挑战. 国研中电 EPTC 微信公众号，2016.

[5] 孙宏斌，等. 能源互联网 [M]. 北京：科学出版社，2020.

[6] 姚刚，仲立军，张代红. 复杂城市配电网网格化供电组网方式优化研究及实践 [J]. 电网技术，2014，38（05）：1297-1301.

[7] 姚刚，张海彪，李满堂. 负荷密度特性在新城区电网规划中的应用 [J]. 上海电力学院学报，2013，29（02）：129-132.

[8] 吴正骅，程浩忠，厉达，等. 基于负荷密度比较法的中心城区典型功能区中压配电网接线方式研究 [J]. 电网技术，2009，33（9）：24-29.

[9] 闵宏生，吴丹，金华征，等. 不同负荷密度下的配电网供电模式研究. 供用电，2006，23（2）：19-24.

[10] 李蕊，李跃，徐浩. 基于层次分析法和专家经验的重要电力用户典型供电模式评估. 电网技术，2014，38（9）：2336-2341.

[11] 张文泉. 电力技术经济评价理论方法与应用. 北京：中国电力出版社，2004.